CHIMIE

MÉDICALE RAISONNÉE,

D'APRÈS UNE NOUVELLE MÉTHODE,

Par laquelle tous les faits particuliers se déduisent de généralités peu nombreuses, au lieu d'être exposés comme des faits isolés qu'il faut apprendre de mémoire;

SUIVIE

D'UN TRAITÉ SUR LA TOXICOLOGIE,

Considérée, non comme une science à part, mais comme un résultat des connaissances acquises en Chimie.

Par ÉDOUARD ROBIN.

— ◦ —

PARIS.

CHEZ L'AUTEUR,

RUE DU BATTOIR, N° 26.

—

1834 à 1835.

CHIMIE
ÉLÉMENTAIRE.

MÉTHODE ÉDOUARD ROBIN.

IMPRIMERIE D'HIPPOLYTE TILLIARD,

RUE SAINT-HIACYNTHE-SAINT-MICHEL N° 30.

CHIMIE

MÉDICALE RAISONNÉE,

D'APRÈS UNE NOUVELLE MÉTHODE,

Par laquelle tous les faits particuliers se déduisent de généralités peu nombreuses, au lieu d'être exposés comme des faits isolés qu'il faut apprendre de mémoire ;

SUIVIE

D'UN TRAITÉ SUR LA TOXICOLOGIE,

Considérée, non comme une science à part, mais comme un résultat des connaissances acquises en Chimie.

PAR ÉDOUARD ROBIN.

PARIS.

CHEZ L'AUTEUR,

RUE DU BATTOIR, N° 26.

1834.

COURS DE CHIMIE.

1re Leçon: 24 Juin 1834.

LA MATIÈRE ET SES PROPRIÉTÉS. — L'ESPACE.
— DÉFINITION DES CORPS.

Que la matière soit anéantie, il ne reste rien : ce rien est l'*espace*. L'espace n'est donc pas quelque chose d'existant, mais une abstraction ; c'est le lieu occupé par la matière.

Imaginez quelque chose aussi petit qu'il vous plaira, vous ne pourrez le faire sans lui donner longueur, largeur et profondeur, ou *étendue*.

Vous ne concevrez rien, rien de matériel si vous préférez, qui n'occupe nécessairement un lieu dans l'espace, de telle manière que le même lieu ne puisse être occupé par autre chose; rien qui ne soit *impénétrable*, par conséquent. Deux molécules ne peuvent être absolument dans le même lieu; elles sont nécessairement l'une à côté de l'autre.

Étendue, *impénétrabilité* : voilà donc les

propriétés sans lesquelles la matière ne peut être conçue, qui lui sont *essentielles* ; aussi la définit-on souvent, ce qui est étendu et impénétrable.

Toute matière soumise à l'observation, a pu être réduite en molécules de plus en plus petites, jusqu'à ce qu'échappant à la vue, on ait cessé de diviser, sans qu'il y eût aucune raison de penser que la matière eût cessé d'être divisible. En sorte que le monde, ou la matière en général, paraît formé d'une quantité immense de molécules excessivement petites ; au moins cela est-il vrai pour toute matière soumise à l'observation.

Les molécules dans le monde ne sont pas partout réunies en quantité égale : lorsque, par leur agglomération, elles forment une masse suffisante pour impressionner quelqu'un de nos sens, cette masse se nomme *corps*.

Le nombre des corps n'est donc déterminé que par la délicatesse de nos organes ; à mesure que nous suppléons à leur imperfection par des instruments d'optique, leur quantité augmente : nous en découvrons de très petits qui nous avaient échappé attendu leur petitesse, et de très grands qui nous avaient échappé à cause de leur éloignement ; d'où il résulte que, jusqu'ici, le monde n'a d'autres limites que celles que lui assignent nos moyens actuels d'investigation. Je démontrerai ailleurs qu'il n'a point

de bornes , qu'il ne peut en avoir : le monde
est infini.

États des corps.

Cette quantité innombrable de corps dispersés
dans l'espace , ne se présente cependant à nous
que sous trois états : ils sont *solides , liquides* ou
gazeux.

Je ne tiens ce marbre que par l'un de ses an-
gles, et toute la masse placée au-dessous du point
touché lui adhère tellement, que bien qu'elle ne
soit pas soutenue, au moins visiblement ; bien
que la pesanteur la sollicite à tomber , elle reste
suspendue. Si je l'incline , ses molécules ne rou-
lent pas les unes sur les autres, comme il arrive à
l'eau contenue dans ce vase: ce corps est un *solide* ;
et toutes les fois qu'inclinant un corps, ses molécules ne changeront pas de place en roulant les
unes sur les autres, le corps sera un *solide.*

Tout corps dont les molécules peuvent rouler
les unes sur les autres est un *liquide,* si, d'ailleurs
il se limite lui-même.

Voici un autre corps (du chlore) : il est analogue à l'air par la division de ses molécules, mais
il est visible. Je suppose que soulevant un piston,
nous agrandissions l'espace dans lequel il est contenu ; il se répand dans l'espace devenu plus
grand : si nous agrandissons encore, son volume
augmente de nouveau ; en sorte qu'il n'a d'autres
bornes que les parois des vases qui le renferment.
Ses molécules sont mobiles comme celles des li-

quides; mais il diffère d'eux essentiellement *parce qu'il ne peut se limiter lui-même*. Ce corps est un gaz ; et tous les corps qui, comme lui, ne seront limités que par les parois qui les renferment, seront des gaz. Ce nom leur a été donné probablement à cause de leur transparence.

On ne peut expliquer les états solide, liquide ou gazeux des corps, sans admettre des forces qui les produisent.

Réduisez un solide en poudre ; rendez à cette poudre sa forme première : vous n'aurez point encore un solide, vous n'en aurez que l'apparence. Touchez-le; ses molécules se séparent, il retombe en poussière.

Il faut donc admettre dans les solides une force qui lie entre elles les molécules : cette force on la nomme *attraction* ; non qu'on veuille dire que les molécules des corps s'attirent, ce qui serait absurde : la matière approche de la matière, mais elle ne l'attire pas. On emploie ce mot *attraction*, parce que les molécules adhèrent les unes aux autres comme si elles s'attiraient. Dans l'état actuel de la science on ignore la cause de l'adhérence, on se contente d'en étudier les lois; et pour le moment, il nous suffit de savoir que l'expérience prouve qu'elle croît rapidement au contact, et qu'elle diminue rapidement lorsque la distance augmente.

Dans les gaz nous aurons une autre force. Leur volume s'accroît à mesure que l'espace dans lequel ils sont contenus devient plus grand, comme si leurs molécules se repoussaient ; or, il est aussi absurde d'admettre que les molécules se repoussent à distance, que d'admettre qu'elles s'attirent ; il faut donc qu'il y ait de la matière très ténue, invisible, qui s'introduise entre les molécules des gaz et les écarte. De la matière très ténue, invisible, c'est un fluide : la répulsion des molécules gazeuses est donc produite par un fluide. Ce fluide on le nomme *calorique*, parce que c'est à lui que sont dus les phénomènes de la chaleur, c'est-à-dire que lorsqu'il s'introduit en nous, il opère une certaine modification dans les organes. Les organes modifiés modifient leurs fonctions, nous constituent dans un nouvel état : cet état nous l'exprimons en disant que nous avons chaud.

Il est facile de comprendre que l'attraction et la répulsion s'exercent aussi dans les solides et dans les liquides.

S'il n'y avait que l'attraction, les molécules des solides et des liquides seraient aussi près que possible, puisque rien ne s'opposerait à leur rapprochement ; cela n'a pas lieu : tous peuvent devenir plus petits si on les comprime ; donc il existe quelque chose qui les écarte et s'oppose à l'attraction ; donc les solides et les liquides sont soumis à la force répulsive du calorique.

S'il n'y avait que le calorique sans attraction, rien ne s'opposerait à l'introduction continuelle du premier, les molécules des solides et des

liquides s'éloigneraient continuellement ; ils seraient gazeux : ils ne le sont pas; donc l'attraction
retient leurs molécules.

Ainsi le calorique existe dans les solides , dans
les liquides et dans les gaz. Sous le nom de lumière , il nous fait voir les planètes, et remplit
par conséquent l'espace qui les sépare ; par lui
tous les corps communiquent entre eux ; il est
repandu dans toute la nature.

La force ignorée qui opère le rapprochement
des corps, l'attraction , existe aussi dans toute la
nature, puisque par-tout il y a des composés , des
molécules conjointes ; au moins l'analogie auto-
rise-t-elle à penser que les astres ne sont pas des
corps indivisibles, des atômes (de α privatif, Τομή,
section , insécable); c'est le nom qu'on donne aux
dernières molécules de la matière présumées
indivisibles.

Propriétés générales des corps.

Par cela même que les corps ont une composition commune, qu'ils sont formés de molécules
séparées par un fluide et unies par une force,
ils doivent avoir aussi un certain nombre de propriétés communes, qui seront des conséquences
de leur composition.

Déjà nous savons que tous sont divisibles.

Les corps sont divisibles et pénétrés d'un fluide,
le calorique ; donc leurs molécules ne se touchent
pas dans tous les points. Ce n'est en effet que parce
qu'elles ne se touchent pas, qu'on a pu introduire

des corps entre elles pour les diviser. Les espaces inter-moléculaires se nomment *pores*; les corps sont donc *poreux*. C'est aussi ce que démontre l'expérience.

Les corps sont poreux et pénétrés par le calorique auquel ils doivent leur volume, et dont la quantité varie à chaque instant : donc ils sont *dilatables*.

Il faut bien concevoir, en effet, que les molécules des corps ne sont pas en repos, mais en équilibre entre deux forces : l'une qui les réunit et que nous avons nommée attraction, mais qui peut être une impulsion; l'autre qui les écarte, le calorique : le volume des corps est le résultat de ces deux forces.

Si le calorique est versé en plus grande quantité, par le soleil par exemple, ou par une substance quelconque: plus comprimé dans l'air, il se réfugie dans les corps, jusqu'à ce qu'il éprouve entre leurs molécules la même pression que dans l'air, et les corps se *dilatent* d'une quantité différente pour chacun d'eux; si le corps est solide, ses molécules très éloignées finissent nécessairement par rouler les unes sur les autres; il devient liquide. Il peut augmenter de volume à ce nouvel état; mais il arrive un terme où l'attraction qui diminue rapidement d'intensité avec la distance, est nulle ou presque nulle, et les molécules, soumises presque entièrement à la force répulsive du calorique, s'écartent toujours : le corps n'est plus limité que par les obstacles qui l'environnent : il est gazeux. C'est ainsi que l'eau est tour à tour solide, liquide ou gazeuse.

Que l'attraction des molécules augmente sans que la force répulsive du calorique croisse proportionnellement, ce fluide, plus comprimé dans le corps que dans l'air, sortira du lieu où il est plus comprimé, comme l'eau sortirait d'une éponge qu'on presserait dans ce liquide ; les molécules du corps se rapprocheront : il diminuera de volume et s'échauffera. Or, toutes les fois qu'on presse un corps, on augmente la force qui réunit ses molécules, son attraction, sans accroître proportionnellement la force répulsive du calorique, puisqu'elle reste la même : ce fluide doit sortir et le corps diminuer de volume. Tout corps qui diminue de volume sous une pression, est compressible : tous diminuent de volume, tous sont *compressibles*.

L'expérience confirme la théorie : les métaux, les pierres les plus dures se laissent comprimer. Par la pression, la percussion, le frottement, par une diminution de volume quelconque, les corps s'échauffent, ou plutôt nous échauffent, en laissant dégager leur calorique.

Je suppose que la pression exercée sur un corps cesse avant que les parois de ses pores aient été en contact : le calorique qui n'était sorti qu'à cause de la compression va rentrer évidemment, et le corps reprendra son volume primitif : tous les corps sont donc *élastiques*. On donne ce nom à ceux qui, soumis à une pression, reprennent leur premier volume lorsque la pression cesse.

Si la pression avait été telle, que des molécules qui forment les parois des pores se fussent touchées, le corps ne serait pas revenu à son premier volume dans les parties qui se seraient touchées. L'attraction, en effet, croissant très fort au contact, aurait agi avec beaucoup plus d'intensité; la force répulsive serait restée la même, le passage aurait été fermé au calorique. Ainsi tous les corps sont élastiques; mais ils ne le sont que jusqu'à un certain point, différent pour chacun d'eux.

Voici donc les propriétés générales des corps :

Divisibilité.   Compressibilité.
Porosité.   Élasticité.
Dilatabilité.

Ces propriétés sont dites *essentielles*, parce qu'étant des conséquences de la composition des corps, ils ne peuvent être conçus sans elles. Il ne faut en apprendre qu'une de mémoire : le raisonnement doit vous rappeler les autres.

CHIMIE.

QUELQUES DÉFINITIONS.

Les corps sont simples ou composés.

On appelle corps simples ou éléments, ceux dont on ne peut retirer qu'une seule espèce de matière. L'or est un corps simple, car, par quelque moyen qu'on le traite, on n'y trouve que de l'or.

On nomme composés les corps dont on peut retirer plusieurs espèces de matières. Soumise à l'analyse, une pièce de cinq francs donne de l'argent et du cuivre : elle est composée.

Lorsque deux ou plusieurs corps s'unissent de manière à ne plus en former qu'un, on dit qu'ils se combinent : les combinaisons ont toujours lieu entre des molécules excessivement petites.

Si, en effet, on divise un corps composé quelconque, une pièce de monnaie d'argent, par ex., (argent et cuivre), en parties aussi ténues que nos procédés le permettent, chacune des petites parties ou *particules* provenant de la division, renfermera encore les mêmes éléments que la masse, du cuivre et de l'argent, en sorte qu'il est impossible à l'œil, même armé du meilleur microscope d'apercevoir les éléments entre lesquels la combinaison s'est faite, et de le séparer.

Lorsque les particules ou petites parties d'un corps ne contiennent qu'une seule espèce de matière, comme cela a lieu dans les corps simples, le fer par exemple, on les nomme molécules *intégrantes*; parce que de leur réunion résulte le corps entier (*integer*).

Les *particules* des corps composés, sont dites aussi molécules intégrantes, et les éléments qui

constituent ces particules, se nomment molécules constituantes. Un corps composé renferme
par conséquent deux espèces de molécules.

Ces définitions sont au reste peu importantes.

La force qui sollicite les corps les uns envers
les autres, et que nous avons appelée attraction,
prend le nom d'adhérence, lorsqu'elle s'exerce
entre des molécules de même nature; on la nomme
plus spécialement affinité, lorsque dans un corps
composé elle unit les molécules de nature différente ou éléments des particules.

Cette force conserve le nom d'attraction, lorsqu'agissant à de grandes distances, elle retient,
autour du soleil par exemple, la terre et les autres
planètes, qui, sans elle, s'échapperaient selon la
tangente à l'orbite qu'elles décrivent, comme la
pierre d'une fronde, lorsque le filet qui la retient
vient à se rompre.

Dans l'état actuel de la science, on connaît
cinquante-quatre corps simples pondérables, et
trois, qui probablement ne font qu'un, demeurés
jusqu'ici impondérables : l'étude de ces derniers
est du ressort de la physique.

Les cinquante-quatre corps simples pondérables, en se combinant un à un, deux à deux,
tantôt dans une proportion, tantôt dans une autre, donnent naissance à tous les autres corps,
dont ils sont par conséquent les éléments.

Substances simples impondérées.

Calorique. — Électricité. — Lumière.

Corps simples non métalliques ou métalloïdes, rangés de manière qu'ils sont d'autant plus près de l'oxygène qu'ils ont plus d'affinité pour lui.

Oxygène.	Sélénium.
Hydrogène.	Iode.
Bore.	Brome.
Silicium.	Chlore.
Carbone.	Fluor.
Phosphore.	Azote.
Soufre.	

Corps simples métalliques.

Potassium.	Vanadium.
Sodium.	Tungstène.
Lithium.	Columbium.
Barium.	Antimoine.
Strontium.	Titane.
Calcium.	Tellure.
Magnésium.	Urane.
Yttrium.	Cérium.
Glucinium.	Bismuth.
Aluminium.	Plomb.
Manganèse.	Cuivre.
Fer.	Mercure.
Zinc.	Osmium.
Cadmium.	Iridium.
Étain.	Palladium.
Cobalt.	Rhodium.
Nickel.	Argent.
Arsenic.	Or.
Molybdène.	Platine.
Chrôme.	

NOMENCLATURE.

On s'est proposé dans la nomenclature de donner aux composés, des noms qui indiquent les éléments qui les constituent, et les proportions relatives dans lesquelles ces éléments sont contenus.

L'oxygène forme avec les corps simples de nombreux composés : on les appelle du nom général d'oxydes, quelles que soient les proportions d'oxygène et de corps simple; s'ils ne rougissent point l'infusion de tournesol.

On les appelle *acides*, quels que soient les rapports de leurs éléments, s'ils rougissent l'infusion de tournesol, et s'ils ont une saveur aigre.

Oxydes.

L'oxygène ne forme-t-il avec un corps simple qu'un seul oxyde? pour le dénommer, on ajoute à la suite du mot générique *oxyde*, le nom du corps simple métallique ou métalloïde auquel l'oxygène est uni. Je suppose que ce soit au zinc que l'oxygène se soit combiné; on a un *oxyde de zinc*.

Lorsque l'oxygène forme avec le même corps plusieurs oxydes, comme ils ne diffèrent que par des quantités particulières d'oxygène, celles de métal ou de métalloïde restant la même, on les distingue les uns des autres en leur donnant un nom qui indique leurs proportions respectives d'oxygène. Ainsi le moins oxygéné se nomme premier oxyde ou *protoxyde*; le second ou le plus oxygéné ensuite sesquioxyde ou bioxyde, selon qu'il contient une fois et demie ou deux fois autant d'oxygène que le protoxyde pour la même quantité de corps simple ; le second oxyde se nomme encore deutoxyde : ce mot indique bien que le composé renferme plus d'oxygène que le premier, mais ne dit pas combien il en contient de plus : la nouvelle dénomination est préférable. S'il y a un autre oxyde, comme il contient trois fois autant d'oxygène que le premier, on le nomme troisième oxyde ou tritoxyde.

L'oxyde le plus oxygéné s'appelle encore *peroxyde*, quel que soit son rang. Si l'oxyde est combiné avec l'eau, on donne au composé le nom d'*hydrate*.

L'oxygène fait trois oxydes avec le fer : un protoxyde, un sesquioxyde et un tritoxide. Quelles sont leurs proportions relatives d'oxygène ? le protoxyde est le moins oxygéné ; le sesquioxyde renferme une fois et demie autant d'oxygène que le protoxyde, et le tritoxyde trois fois autant : la quantité de fer reste la même dans tous.

Acides d'oxygène, ou oxacides.

Si l'oxygène ne forme avec un corps simple qu'un seul acide, on lui donne le nom du corps auquel l'oxygène s'unit, terminé en *ique*, et précédé du mot générique *acide* ; exemple : acide bore-ique et à cause de l'hyatus, *acide* borique. Si un corps simple fait deux acides avec l'oxygène, le plus oxygéné prend le nom du corps auquel l'oxygène est uni, terminé en *ique*, comme dans le cas précédent, et le moins oxygéné, le nom du même corps terminé en *eux*.

Il y a deux acides, de sélénium et d'oxygène : le plus oxygéné est l'acide sélénique ; le moins oxygéné, l'acide sélénieux.

Il peut se faire qu'il y ait un acide moins oxygéné que l'acide en *ique*, et plus oxygéné que l'acide en *eux* ; il conserve la terminaison *ique* ; mais son nom est précédé du mot *hypo* (du grec υπὸ au-dessous) qui indique son rang inférieur. Est-ce un acide de phosphore et d'oxygène ; par exemple, on dit acide *hypo* phosphorique. Enfin, s'il y a un acide moins oxygéné que l'acide en *eux*, on le dénomme d'après la même convention. On connaît quatre acides d'oxygène et de phosphore : Le premier ou le plus oxygéné s'appelle

Acide phosphor $\rbrace$ ique
Le second , acide hypo—phosphor $\rbrace$

Le troisième , acide phosphor $\rbrace$ eux
Le quatrième , acide hypo—phosphor $\rbrace$

Lorsqu'une même substance donne avec l'oxygène des acides et des oxydes, l'oxyde le plus oxygéné contient toujours moins d'oxygène que l'acide le moins oxygéné ; je suppose que nous ayons l'oxyde le plus oxygéné d'un corps, un tritoxyde par exemple ; si on le combine à une nouvelle quantité d'oxygène, il ne se forme pas un quadroxyde, mais un acide, et cet acide est le moins oxygéné de ceux que l'oxygène peut faire avec la même substance ; en sorte que les acides d'un corps ne diffèrent de ses oxydes, qu'en ce qu'ils contiennent plus d'oxygène qu'eux.

Acides d'hydrogène ou hydracides

L'hydrogène forme aussi des acides avec quelques corps simples : leur nom est composé de celui du corps simple auquel l'hydrogène s'unit, terminé en *ique*, comme pour les oxydes, mais précédé du mot *hydro*, première partie de hydrogène, et qui indique la présence de ce corps. C'est ainsi que le chlore et l'hydrogène donnent un acide hydro-chlorique, ou chlorhydrique si on veut mettre le nom de celui qui est électro-résineux par rapport à l'autre le premier.

Si l'hydrogène fait avec un corps simple un composé qui ne soit pas acide, et qui soit *gazeux*, on lui donne le nom de la substance à laquelle l'hydrogène est uni, terminé en *é*, et précédé du mot *gaz hydrogène* tout entier. Ainsi le gaz hydrogène *phosphoré* est un composé gazeux d'hydrogène et de phosphore.

Combinaisons des métalloïdes entre eux, ou d'un métalloïde et d'un métal.

Deux corps simples métalloïdes, ou un métalloïde et un corps simple métallique, forment-ils un composé, celui des deux corps qui est électro-résineux par rapport à l'autre prend la ter-

minaison *ure*, le nom de l'autre restant le même.
Je suppose que le soufre se combine au cuivre
ou le chlore au mercure, on aura un sulfure de
cuivre, ou un chlorure de mercure. Si le soufre
et le chlore peuvent se combiner en deux proportions, on les désigne par les noms de proto-
sulfure, proto-chlorure, deuto-sulfure, deuto-
chlorure, ou bi-sulfure, bi-chlorure, suivant
les quantités d'oxygène qu'ils contiennent.

Les métaux en se combinant entre eux ne
prennent pas la terminaison *ure*; ils forment
des *alliages* : on a conservé l'ancienne expression. Voici un exemple : on ne dirait pas argenture
d'or, mais alliage d'argent et d'or. Si le mercure
fait partie de la combinaison, on la désigne plus
particulièrement sous le nom d'*amalgame*. Alors
au lieu d'alliage de mercure et d'or, on dit amalgame d'or. Le mot *amalgame* indique le mercure;
il n'est pas nécessaire de le nommer.

Sels.

On appelle *sel* un composé résultant de la
combinaison d'un acide et d'un oxyde. On appelle
base l'oxyde ou la substance quelconque qui se
combine à un acide pour former un sel.

On dénomme un sel en donnant à l'acide terminé en *ique* la terminaison *ate*, à l'acide terminé en *eux* la terminaison *ite*, et on le fait
suivre du nom de la base.

Ainsi, les sels formés par les acides phosphorique, hypo-phosphorique, phosphoreux, hypo-

posphoreux et un oxyde de fer, prennent le nom de phosphate, hypo-phosphate, phosphite, hypo-phosphite d'oxyde de fer; et afin d'exprimer le degré d'oxygénation de l'oxyde : phosphate de protoxyde , de deutoxyde , de tritoxyde de fer.

Les sels formés par l'acide hydro-chlorique et une base, sont soumis à la même loi. Comment dénommer les sels resultant de la combinaison de l'acide hydro-chlorique et du protoxyde d'étain ? hydro-chlorate de protoxyde d'étain évidemment, ou pour abréger , proto-hydrochlorate d'étain. Comme on sait que dans un sel le métal doit être à l'état d'oxyde, on se dispense de l'exprimer.

Lorsqu'un acide s'unit à un oxyde pour faire un sel, il peut se présenter trois cas : ou le sel ne participe ni des propriétés de l'acide, ni des propriétés de l'oxyde, il n'a aucune analogie avec eux : on dit alors que l'acide et l'oxyde se sont neutralisés : le composé est un sel *neutre*.

Ou le sel conserve quelqu'une des propriétés de son acide : cela arrive lorsqu'il contient plus d'acide qu'il n'en fallait pour neutraliser la base; l'excès d'acide se manifeste ; on a un *sur-sel*.

Ou enfin le sel participe des propriétés de la base , soit parce que l'acide était faible , ou parce qu'il était en petite quantité ; alors il prend le nom de *sous-sel*. Au reste, il faut bien comprendre que ce n'est pas plus l'acide que l'oxyde qui forme le sel ; il résulte de la combinaison de tous deux.

Vous pouvez observer que la terminaison *ure* désigne toujours un composé de deux métalloïdes, ou d'un métalloïde et d'un métal ; les terminaisons en *ique* et en *eux*, des acides ; les terminaisons en *ate* et en *ite*, des sels.

IMPRIMERIE D'HIPPOLYTE TILLIARD, RUE DE LA HARPE, N° E

COURS DE CHIMIE.

2e Leçon 26 Juin 1834.

QUELQUES MOTS SUR LA MÉTHODE QUE
NOUS SUIVRONS.

Lorsqu'après avoir étudié une science, on parvient à l'embrasser d'un seul coup d'œil dans toute son étendue, on ne tarde pas à reconnaître qu'on a beaucoup travaillé, pour apprendre en plusieurs années, ce que, mieux dirigé, on aurait pu savoir en quelques jours. Il est donc bien important de faire choix d'une bonne méthode.

Un grand nombre des corps que la chimie fait connaître ont des propriétés communes ; un ou deux caractères les distinguent. Nous réunirons par groupes ces substances analogues, au lieu de les étudier isolément, et appliquant à chacune, les propriétés de l'une d'elles, nous aurons l'avantage de les connaître toutes, dans le peu de temps nécessaire pour en savoir une seule. Les caractères essentiels nous manqueront; mais comme ils découlent presque toujours de la composition spéciale de chaque substance indiquée par le nom qu'elle porte, ils nous seront presque toujours donnés par le raisonnement. Je suppose qu'ils ne le soient pas : encore ne faudrait-il apprendre qu'une ou deux particularités sur ces différents corps, pour être en état de les décrire.

En chimie, comme dans toutes les sciences, il y a des parties essentielles auxquelles tout se rattache et dont tout dérive; elles sont en petit nombre : ce sont elles que nous étudierons. Vous verrez se déduire l'histoire particulière de chaque corps de quelques lois générales : un sel quelconque, par exemple, étant donné, vous pourrez dire son état, sa couleur, son odeur, son état naturel; l'action de l'eau, de l'air, du calorique, des métalloïdes et des métaux, des oxydes, des oxacides, des hydracides et des sels sur lui; la saveur dont il est doué; ses usages en médecine; ses moyens d'analyse et d'extraction, sans avoir eu besoin de le voir ou de l'étudier en particulier. Comme vous saurez peu de chose de mémoire, vous aurez peu de chose à retenir de mémoire; et il vous sera facile d'acquérir promptement, et de conserver sans effort, dans son ensemble et ses détails, la connaissance d'une science où tout se lie par le raisonnement.

**

MÉTALLOIDES.

Corps simples non métalliques, rangés dans un ordre tel, qu'ils sont d'autant plus près de l'oxygène, qu'ils ont plus d'affinité pour lui.

Ainsi, l'hydrogène a plus d'affinité pour l'oxygène que tous ceux qui viennent après lui ; l'azote en a moins que tous ceux qui le précèdent.

Oxygène.	Soufre.
Hydrogène.	Sélénium.
Bore.	Iode.
Silicium.	Brome.
Carbone.	Chlore.
Phosphore.	Azote.

Propriétés communes à ces corps.

État. — Les deux premiers et les deux derniers sont gazeux. Tous les autres sont solides, excepté le brome, qui est liquide à la température ordinaire.

Les métalloïdes solides sont cassants, faciles à rayer et à réduire en poudre. En masse ou pulvérulents, ils sont ternes, c'est-à-dire qu'ils n'ont point l'éclat métallique. *Exceptions.* Le phosphore est *très flexible.* Le carbone cristallisé est luisant et le plus dur de tous les corps ; aussi ne le raye-t-on qu'avec sa propre poudre.

Couleur. — Les métalloïdes non gazeux sont bruns, excepté le phosphore, le soufre et le diamant. Cette couleur brune est plus ou moins

foncée pour chacun d'eux, plus ou moins mélangée d'une autre nuance.

Odeur. — Ils sont inodores, excepté le phosphore, qui a une odeur faible, alliacée ; l'iode, le
brome et le chlore, qui en ont une très forte,
caractéristique.

Action de l'eau et Saveur. — Les trois derniers
corps odorants sont solubles dans l'eau, et doués
d'une saveur astringente extrêmement prononcée.

Pesanteur. — Tous les métalloïdes sont plus
pesants que l'air, excepté l'azote et l'hydrogène.
Les métalloïdes solides sont plus pesants que l'eau.

État naturel. — Ils sont des produits de l'art,
excepté le *premier* et le *dernier* (oxygène et
azote), dont le mélange avec l'acide carbonique
et la vapeur d'eau forme l'air, et les deux dont
le nom est le plus généralement connu (carbone et soufre).

Action du calorique. — Ceux qui sont gazeux
se dilatent. Les trois premiers de ceux qui sont
solides (*bore*, *silicium*, *carbone*) sont infusibles,
et fixes ou non volatils. Tous les autres sont fusibles et volatils.

Conductibilité du calorique et de l'électricité. Les
métalloïdes sont, relativement aux métaux, de
mauvais conducteurs du calorique et de l'électricité.

Action de l'oxygène libre. — L'oxygène libre
n'agit pas sur eux *à froid* ; *à chaud*, il se combine à tous ces corps, jusqu'à l'iode exclusive-

ment, le sélénium excepté. Il ne s'unit pas aux autres d'une manière directe.

Action de l'oxygène naissant. — L'oxygène naissant peut s'unir à tous les metalloïdes sans exception.

Propriétés essentielles ou distinctives.

On obtient les propriétés essentielles de tous les métalloïdes, depuis l'hydrogène jusqu'au sélénium inclusivement (les mêmes qui se combinent avec l'oxygène à chaud), en les mettant en contact, à une température élevée, avec l'oxygène; et il se forme

Avec L'hydrogène,	de l'eau(protoxyde d'hydrog.)	
Le bore,	acide borique.	
Carbone pur,	acide carbonique.	Des acides en *ique.*
Charbon,	acide carbonique.	
Phosphore,	acide phosphorique.	
Soufre,	acide sulfureux.	Qui a l'odeur des allumettes.
Sélénium,	oxyde de sélénium.	Qui a l'odeur du chou pourri.

Dans toutes ces combinaisons, la dernière exceptée, il y a dégagement de calorique et de lumière.

On obtient les propriétés essentielles des deux corps qui suivent le sélénium, en élevant leur température.

L'iode laisse dégager des vapeurs violacées.
Le brome — des vapeurs rougeâtres à 47° centigr.

Les métalloïdes solides peuvent donc se distinguer de tous les corps connus, par deux moyens.

(25)

Un métalloïde solide se combine-t-il avec l'oxygène libre ? on le reconnaît en le combinant avec
l'oxygène libre. Un métalloïde ne s'unit-il point
à l'oxygène libre ? on le reconnaît en le soumet-
tant à l'action du calorique : il donne des vapeurs
caractéristiques.

Des quatre corps gazeux, trois : l'*oxygène*,
l'*hydrogène* et l'*azote*, sont incolores, inodores,
peu solubles dans l'eau, permanents. Le *chlore* a
des propriétés entièrement opposées : il est coloré, odorant, sapide, très soluble dans l'eau,
non permanent (jaune verdâtre, d'une odeur piquante, d'une saveur astringente, suffocante).
Ses propriétés physiques le distinguent, par conséquent, des trois autres : d'ailleurs, mis en
contact avec le *phosphore* à froid, il donne un
chlorure de phosphore blanc, solide : il y a dégagement de calorique et de lumière.

Caractères distinctifs de trois corps gazeux, dont
les propriétés physiques sont les mêmes.

L'oxygène rallume les corps en ignition. —
L'hydrogène et l'azote les éteignent. Mais l'hydrogène les éteint avec détonation, et forme de
l'eau avec l'oxygène à une température élevée.
— L'azote les éteint sans détonation, et ne peut
former d'eau avec l'oxygène.

...

ERRATA.

1ᵉʳᵉ Leçon.

Page 5 ligne 3 au lieu de *aburde*, lisez *absurde*.

  11 ligne 6 au lieu de *envers*, lisez *vers*.

  13 ligne 4 au lieu de *ces éléments sont*, lisez *ces éléments y sont*.

  13 ligne 8 après *et de corps simples*, ajoutez *qu'ils contiennent*.

  17 au lieu de *suivant les quantités d'oxygène*, lisez *suivant les quantités de soufre ou de chlore*, etc.

  15 ligne 3 en commençant par le bas de la page, au lieu de *trioxyde*, lisez *tritoxyde*.

3ᵉ Leçon.

Page 3 avant dernière ligne du second alinéa, retranchez le zéro qui est entre 200 et centigr.

  5 dernière ligne, au lieu de *provriétés*, lisez *propriétés*.

  7 troisième paragraphe, ligne 2, au lieu de *l'hydroégne*, lisez *l'hydrogène*.

COURS DE CHIMIE.

3ᵉ Leçon. 28 Juin 1834.

J'engage les personnes qui voudront étudier la chimie dans cet ouvrage, à ne point considérer l'histoire de chaque métalloïde comme devant être apprise isolément, mais à bien se pénétrer de l'idée qu'elle se trouve dans les généralités sur les métalloïdes, et que lorsqu'elles savent ces généralités contenues dans deux pages, elles savent par cela même l'histoire particulière de tous les métalloïdes, puisqu'elle en est une conséquence immédiate. En faisant l'histoire de chacun d'eux en particulier, ma seule intention est d'exercer l'esprit à la déduire facilement des généralités.

Les particularités qui ne dérivent pas immédiatement de l'histoire générale des métalloïdes, et qui ne sont pas ajoutées dans le but précis de prouver les faits qui en découlent, peuvent être négligées avec avantage jusqu'à ce qu'on ait pu embrasser l'ensemble de la chimie minérale.

Par cette Méthode on aura le plaisir de s'apercevoir sensiblement de ses progrès ; et c'est avec plus de goût, d'aptitude et de profit qu'on pourra joindre aux connaissances plus importantes acquises jusqu'alors, les connaissances utiles mais secondaires qu'on aura négligées, et qui viendront en leur temps se ranger naturellement à leur place.

J'aurais pu donner à l'histoire des métalloïdes une plus grande étendue; mais les faits particuliers que j'aurais ajoutés auraient dû s'apprendre de mémoire, tandis que plus tard nous les saurons sans les avoir étudiés tout exprès, parce qu'ils découleront comme conséquence des faits généraux que nous aurons vus.

Avant d'étudier les métalloïdes en particulier, il est utile de connaître la composition de l'air, de l'eau, des végétaux et des animaux.

L'eau est composée d'oxygène et d'hydrogène. L'air est formé d'oxygène, d'azote, d'un peu d'acide carbonique et de vapeur d'eau.

Presque tous les végétaux sont formés d'oxygène, d'hydrogène, de carbone, rarement d'azote.

Presque tous les animaux sont formés d'oxygène d'hydrogène, de carbone et d'azote.

En général, le carbone entre en plus grande proportion que les autres élémens dans la composition des animaux, et particulièrement dans celle des végétaux.

Histoire particulière des métalloïdes, déduite de leurs propriétés générales.

Oxygène.

Quelles sont les propriétés physiques de l'oxygène? L'oxygène est gazeux, incolore, peu soluble dans l'eau ; il est permanent, c'est-à-dire que, soumis à une pression quelconque ou à l'abaissement de température le plus considérable qu'on ait pu obtenir, il est resté constamment à l'état gazeux. Ainsi que tous les gaz, il est élastique et compressible. Comment sait-on que l'oxygène jouit de ces propriétés ? On sait que l'oxygène jouit de ces propriétés, parce qu'elles sont communes aux métalloïdes gazeux, le chlore excepté.

Se dégage-t-il du calorique, lorsque l'on comprime l'oxygène ? Oui ; car les molécules de l'oxygène, comme celles de tous les corps, étant écartées par le calorique, ces molécules ne peuvent être rapprochées sans qu'il ne sorte une quantité de calorique en rapport avec la compression. — L'oxygène comprimé subitement dans un briquet à air, prend une température de plus de 200° o cent. (deux fois la température de l'eau bouillante.

Pesanteur. L'oxygène est plus pesant que l'air, car tous les métalloïdes sont plus pesants que l'air, excepté l'hydrogène et l'azote.

Quel est son état naturel? L'oxygène existe à

l'état de pureté dans la nature, car le premier et le dernier des métalloïdes gazeux s'y trouvent à l'état de pureté. Il fait partie de l'air atmosphérique, car l'air est un mélange d'oxygène, d'azote, d'acide carbonique et de vapeur d'eau. A l'état de combinaison il fait partie de la plupart des végétaux et des animaux, puisque la plupart des végétaux sont formés d'oxygène, d'hydrogène et de carbone ; la plupart des animaux, des mêmes éléments et d'azote : on le trouve encore dans un grand nombre de minéraux ; car il se combine avec tous les corps simples.

Quelle est l'action du calorique sur l'oxygène ? L'oxygène n'est pas décomposé par le calorique, puisqu'il est un corps simple ; mais le calorique s'interposant entre ses molécules, comme entre celles de tous les corps, les écarte et le dilate.

Comment agissent sur lui les métalloïdes ? L'oxygène libre ne se combine à aucun des métalloïdes *à froid* ; il s'y combine à l'état naissant. *A chaud*, l'oxygène se combine à tous les métalloïdes jusqu'au sélénium inclusivement. Il forme avec l'hydrogène de l'eau, avec le bore de l'acide borique, avec le carbone de l'acide carbonique, etc. (Voir les généralités.)

Pourquoi l'oxygène se combine-t-il mieux à *l'état naissant*, au moment où il se dégage d'un corps auquel il était uni, qu'à *l'état de liberté*, c'est-à-dire que lorsqu'étant constitué à l'état de gaz, il n'est combiné à aucun autre corps ?

Pour que les corps se combinent facilement, il ne suffit pas qu'ils aient de l'affinité les uns pour les autres, il faut qu'ils soient dans des circonstances telles que leurs affinités puissent s'exercer; qu'ils soient en contact de molécule à molécule, puisqu'ils se combinent de molécule à molécule. Lorsque l'oxygène est constitué à l'état de gaz, ses molécules écartées par une grande quantité de calorique, sont très éloignées les unes des autres. Si donc on introduit un corps dans l'oxygène gazeux, ce corps ne sera en contact avec l'oxygène que par fort peu de points; peut-être même n'y aura-t-il pas de contact, le calorique dont chaque molécule d'oxygène est environnée la séparant du corps introduit. Au contraire, au moment où l'oxygène se dégage d'une combinaison où il était solidifié, d'un oxyde de manganèse, par ex., ses molécules fortement serrées les unes contre les autres, non-seulement environnent les corps dans toute leur étendue, les touchent dans tous les points de leur surface, mais elles peuvent les pénétrer. L'oxygène naissant est donc dans des circonstances plus favorables pour se combiner que l'oxygène libre; et comme à l'état naissant et à l'état de liberté, tous les gaz se trouvent dans des circonstances analogues à celles que je viens d'indiquer pour l'oxygène, *tous les gaz se combinent avec plus de facilité à l'état naissant qu'à l'état de liberté.*

Propriétés essentielles. Comment reconnaître

l'oxygène? L'oxygène rallume les corps en ignition sans produire de détonation. (Généralités). On pourrait introduire un corps en ignition dans une éprouvette contenant le gaz à reconnaître : s'il était rallumé sans détonation, le gaz serait de l'oxygène.

L'oxygène est tellement essentiel à la respiration et à la végétation, que les animaux et les végétaux meurent dans un air qui ne contient pas d'oxygène.

Usages en médecine. Respiré pur, il détermine promptement l'inflammation de la membrane muqueuse pulmonaire; aussi, le considère-t-on comme un excitant: il serait évidemment utile dans l'asphyxie par défaut d'air ou par les gaz qui ne peuvent entretenir la vie.

HYDROGÈNE.

Quelles sont les propriétés physiques de l'hydrogène? L'hydrogène pur est gazeux, incolore, très peu soluble dans l'eau, insipide, inodore, compressible, permanent; car tous les métalloïdes gazeux ont ces propriétés, excepté le chlore.

Pesanteur. Il est plus léger que tous les corps connus. (Généralités.)

Quel en est l'état naturel? L'hydrogène ne se trouve pas dans la nature à l'état de pureté, car il n'y a que le premier et le dernier des métalloïdes gazeux qui s'y trouvent. A l'état de combinaison, il fait partie de l'eau (car elle est formée

d'oxygène et d'hydrogène) de la plupart des végétaux et des animaux, puisque la plupart des végétaux sont formés d'oxygène, d'hydrogène et
de carbone, la plupart des animaux, des mêmes
élémens et d'azote.

Propriétés chimiques. Quelle est l'action du calorique sur lui? Soumis à l'action du calorique,
il se dilate comme tous les gaz, mais il n'est pas
décomposé, car il est un corps simple.

*Quelle action exerce à froid l'oxygène libre
sur l'hydroègne.* Aucun métalloïde ne se combine
à l'oxygène libre à froid : l'hydrogène ne se combine donc pas à l'oxygène à froid, mais il se mêle
avec lui, bien que l'oxygène, plus pesant, soit placé
sous l'hydrogène.

Expérience. Deux éprouvettes d'égale capacité
sont remplies, l'une d'oxygène et l'autre d'hydrogène. On les met en communication par un tube
qu'on fait passer par le bouchon fermant l'orifice
de chacune d'elles. On les place verticalement,
l'éprouvette pleine d'hydrogène, plus léger, en
dessus ; celle qui contient l'oxygène, plus pesant,
en dessous. Au bout de quelques heures, les deux
gaz sont mélangés ; l'hydrogène, quoique plus
léger, est descendu dans l'éprouvette inférieure ;
l'oxygène, quoique plus pesant, est monté dans
l'éprouvette supérieure. On s'en assure en introduisant dans chaque éprouvette une allumette qui
présente un point en ignition : une détonation se
produit. Or, si l'éprouvette inférieure n'avait contenu que de l'oxygène, l'allumette aurait été ral-

lumée , mais il n'y aurait pas eu de détonation.

Ce résultat de l'expérience pouvait être prévu par le raisonnement. On sait que les gaz ne sont limités que par les corps qui les circonscrivent , et qu'ils s'étendent à mesure que l'espace qui les renferme s'agrandit. Donc si deux gaz, l'oxygène et l'hydrogène, sont placés l'un au-dessus de l'autre, le plus pesant en dessous, les molécules de l'oxygène, sollicitées par l'action du calorique, tendront continuellement à s'écarter, et glisseront nécessairement entre celles de l'hydrogène, et réciproquement, puisque chacun de ces gaz n'est pas plus limité par la surface de l'autre qu'il ne le serait par un vase dans les parois seraient crenélées. Aussi cette propriété qu'ont l'oxygène et l'hydrogène de se mélanger , lorsqu'ils sont en contact , le plus léger en dessus, n'est-elle point particulière à ces deux gaz; de nombreuses expériences ont constaté que *deux fluides quelconques , soit de même densité , soit de densité différente , ne peuvent rester l'un sur l'autre sans se mélanger.*

Quelle action exerce, à une température élevée, l'oxygène libre sur l'hydrogène. A une température élevée, l'oxygène libre se combine à l'hydrogène, car il se combine à tous les métalloïdes jusqu'au sélénium inclusivement. De cette combinaison résulte de l'eau. (Généralités.)

Expérience. Soit un cylindre en verre très épais, fermé par un robinet à chacune de ses extrémités. Ce cylindre gradué se partage en cent parties. Je suppose qu'après l'avoir rempli d'eau complètement, on le place sur la cuve à eau ; on ouvre le robinet inférieur, le robinet supérieur reste fermé. Alors dans l'eudiomètre (c'est ainsi qu'on nomme cet instrument), on introduit de l'oxygène jusqu'à ce que 5o parties d'eau soient expulsées, et que, par conséquent, le niveau de l'eau corresponde au 5o° degré. Si l'eau tombe du 100e degré au 5o°, c'est qu'il vient de passer au-dessus de l'eau 5o parties d'oxygène. On introduit de l'hydrogène jusqu'à ce que les 5o parties d'eau qui restent soient chassées. L'eudiomètre contient alors 5o parties d'oxygène et 5o d'hydrogène. On ferme le robinet inférieur. A l'une des extrémités du cylindre est une tige de métal qui passe de l'extérieur à l'intérieur, sans toucher le verre dont elle est séparée par un corps mauvais conducteur de l'électricité ; cette tige, en outre, offre une solution de continuité dans l'intérieur. On met la tige en contact avec un corps chargé d'électricité. Ce fluide se transmet sur la tige de métal, sans se répandre sur le verre, puisque la tige en est séparée par un mauvais conducteur ; et lorsqu'il arrive à la solution de continuité, une étincelle se produit. On sait qu'à une température peu élevée, celle d'une étincelle électrique, par exemple, l'oxygène et l'hydrogène se combinent. La combinaison a donc lieu ; car ils étaient mélangés. Cette combinaison s'effectue sans secousse avec dégagement de lumière et de chaleur. On aperçoit de l'eau dans l'intérieur du cylindre. Donc *en se combinant à l'oxygène, l'hydrogène forme de l'eau.* Si l'on répète plusieurs fois la même expérience, on obtient une quantité d'eau notable.

L'eau qu'on obtient est-elle formée de parties égales d'oxygène et d'hydrogène ? Non. En voici la preuve :

Puisque, au moment de la combinaison, il s'est fait un dégagement de chaleur et de lumière, il faut bien admettre que les molécules d'oxygène et d'hydrogène, en se combinant pour former de l'eau, se sont fortement rapprochées, et qu'elles ont expulsé le calorique qui se trouvait entre elles. Mais si l'eau formée prend moins de volume que n'en occupaient l'oxygène et l'hydrogène qui la composent, il doit s'être fait un vide dans l'inté-rieur. Si donc on ouvre le robinet inférieur de l'eudiomètre que je suppose toujours sur la cuve à eau, l'eau comprimée par l'atmosphère sur tous les points de sa surface, excepté sur ceux qui cor-respondent à l'ouverture de l'eudiomètre, reflue dans cet instrument et monte jusqu'au 75e degré. L'eau ne s'élève pas jusqu'au 100e degré, bien que la pression habituelle de l'air puisse la faire mon-ter jusqu'à 32 pieds. Il reste donc au-dessus du 75e degré quelque chose qui l'empêche de monter. Ce *quelque chose* étant invisible, ne saurait être qu'un des gaz introduits dans la cloche : ce gaz, occu-pant les 25 degrés supérieurs, est de l'oxygène ; car si on le met en contact avec une allumette présentant un point en ignition, il la rallume sans détonation ; et l'oxygène seul a cette propriété.

(Généralités.)

Ainsi, l'on avait mis dans l'eudiomètre 5o parties d'oxygène et 5o d'hydrogène : on a déterminé la combinaison ; il s'est formé de l'eau ; les 5o parties d'hydrogène ont disparu ; il en est resté 25 d'oxygène : il entre donc dans la formation de l'eau 25 parties d'oxygène contre 5o d'hydrogène, c'est-à-dire, moitié moins d'oxygène que d'hydrogène en volume. *L'eau est donc formée de deux fois autant d'hydrogène que d'oxygène en volume.*

Si l'on avait laissé ouvert le robinet inférieur de l'eudiomètre, il y aurait eu, au moment de la combinaison, une forte secousse. En voici la raison : Le calorique dégagé par la combinaison tient l'eau produite à l'état de vapeur, et l'eau à l'état de vapeur à 100° occupe un volume plus considérable que l'oxygène et l'hydrogène, qui la forment, n'en occupaient à l'état de gaz. Ce volume est 1698 fois aussi considérable que celui de l'eau à l'état de liquide. La vapeur produite exerce une pression contre les parois du verre qui, pour résister à son action, doit être fort. Ne pouvant s'étendre latéralement, elle refoule par en bas l'eau qui correspond à l'ouverture de l'eudiomètre ; mais alors se trouvant en contact avec l'eau et avec les parois de l'eudiomètre qui lui prennent du calorique, elle passe presque immédiatement à l'état liquide, et prend, par conséquent, un volume 1698 fois moins considérable. Il se produit donc un grand vide dans l'appareil : l'eau comprimée par l'atmosphère sur toute sa surface, excepté sur le point correspondant au robinet de l'eudiomètre où s'est fait le vide, reflue dans le vase cylindrique, et vient choquer ses parois avec un bruit augmenté par le sifflement que produit son passage rapide à travers le robinet.

Je suppose qu'on veuille enflammer dans l'air un mélange d'oxygène et d'hydrogène, on introduit dans une fiole le mélange de deux parties en volume d'hydrogène et d'une d'oxygène. On bouche cette fiole pour que les gaz ne sortent pas ; et, pour éviter les accidents, si elle se brisait, on l'enveloppe d'un linge, l'extrémité du goulot restant libre ; ensuite on la débouche, et lorsqu'on présente l'ouverture à la flamme d'une bougie, on entend une détonation plus ou moins forte, selon la plus ou moins grande quantité de gaz mélangé. Il est aisé d'expliquer cette détonation ; et ce qui se passe dans l'eudiomètre avait dû la faire pressentir. On sait que le son dans l'air n'est autre chose qu'un mouvement de vibration. Or, par la pression de l'eau à l'état de vapeur, l'air a été fortement repoussé ; les parois internes du verre, choquées et mises en vibration en ont communiqué les mouvements à l'air. La vapeur revenant presque immédiatement à l'état liquide, l'air frappe de nouveau les parois vides de la fiole, et de nouveau les met en vibration. Dans ce passage et ces transmutations, il ne se produit qu'un son, parce que les deux mouvements étant presque instantanés, l'action de l'une des causes s'unit à l'autre et en augmente l'intensité.

(13)

Qu'arriverait-il si on comprimait fortement un mélange d'oxygène et d'hydrogène ? A une température élevée, l'oxygène et l'hydrogène se combinent : donc, si on comprime suffisamment un mélange de ces deux gaz, il y aura combinaison et formation d'eau; car il y aura élévation de température aussi considérable qu'on le désire, puisqu'elle dépend du rapprochement des molécules, c'est-à-dire de la compression, qu'on peut augmenter à volonté.

L'expérience prouve en effet que par une compression forte et subite, on enflamme un mélange d'oxygène et d'hydrogène. Peut-être, cependant, dans cette circonstance le rapprochement des molécules a-t-il autant d'influence sur la combinaison, que l'élévation de température qui en résulte ; car si les gaz se combinent avec tant de facilité, lorsqu'ils sont à l'état naissant, ce n'est, en dernier résultat, que parce qu'alors ils sont immédiatement en contact de molécule à molécule ; et ce contact a lieu également sous une compression suffisante.

Action de l'oxygène naissant. L'oxygène naissant se combine à l'hydrogène ; car il se combine à tous les corps.

Propriété essentielle. L'hydrogène éteint les corps en ignition ; il les éteint avec détonation.

Expérience. Dans une éprouvette pleine d'hydrogène et renversée, l'ouverture en bas (car autrement l'hydrogène s'échapperait), on introduit une allumette présentant un point en ignition. A l'entrée de l'éprouvette, l'oxygène de l'air est en contact avec la surface de l'hydrogène à la température de l'allumette. Quelle action exercent l'un sur l'autre ces deux gaz à une température élevée? Ils se combinent et forment de l'eau. S'il y a formation d'eau, par une conséquence nécessaire il y a détonation, puisqu'il se produit presque simultanément un mouvement d'expansion, un vide, des vibrations dans l'air et dans les parois de l'éprouvette.

Mais si l'on introduit plus profondément l'allumette, elle s'éteint lorsqu'elle est dans l'hydrogène seul.

L'hydrogène éteint donc les corps en ignition, et de plus, il les éteint avec détonation ; car une allumette ne peut être introduite dans l'éprouvette, sans qu'à la surface de cette éprouvette, l'oxygène de l'air ne soit en contact avec l'hydrogène ; qu'il ne se forme de l'eau, et qu'il n'y ait détonation.

Qu'au lieu de mettre l'ouverture de l'éprouvette en dessous, on la place en dessus ; l'hydrogène, plus léger que l'air, s'échappe de l'éprouvette ; l'air, plus pesant, le remplace à mesure qu'il sort ; et il y a un moment où une moitié d'oxygène étant entrée, et par conséquent une moitié d'hydrogène étant sortie, les deux gaz sont mélangés. Si alors on introduit une allumette, la détonation sera plus forte que si l'ouverture de l'éprouvette eût été en bas.

Usages. On se sert de l'hydrogène pour remplir les ballons ; et quelquefois pour faire l'analyse de l'air. On a mis à profit la grande quantité de calorique qui se dégage pendant sa combinaison rapide avec l'oxygène, pour fondre un grand nombre de corps réputés jusqu'alors infusibles.

COMBUSTION.

Les chimistes ont observé que toutes les fois que, dans la nature des corps, s'opère avec dégagement de calorique et de lumière, le changement complet d'état qu'on désigne sous le nom de *combustion*, il y a combinaison de deux ou plusieurs corps. La combustion peut donc se définir : *La combinaison de deux ou plusieurs corps, avec dégagement de calorique et de lumière.*

Comment expliquer que, dans la combinaison de certains corps, il y a dégagement de calorique?

Un dégagement de calorique devra nécessairement se produire, quand le résultat de la combinaison aura moins de volume que les composants ; car les composants, par leur union, n'auront formé un corps plus petit qu'eux, que parce que leurs molécules se seront rapprochées ; et leurs molécules ne se seront rapprochées qu'en expulsant le calorique qui se trouvait entre elles, et leur donnait le volume plus considérable qu'elles avaient avant la combinaison. Ainsi, lorsque deux corps gazeux viendront à concentrer leurs molécules pour former un solide ou un liquide, il y aura dégagement de calorique très considérable. Toutes les fois qu'un corps gazeux aura formé avec un corps liquide ou solide un composé de même espèce, il se produira nécessairement un dégagement de calorique ; car les molécules du corps gazeux se seront fortement rapprochées lorsqu'elles seront devenues liquides ou solides. Enfin, lorsqu'un solide aura résulté de la combinaison de deux liquides, il aura dû se produire un dégagement de calorique.

Règle générale. — Un dégagement de calorique aura nécessairement lieu toutes les fois que, dans la combinaison de deux ou plusieurs corps, il y aura contraction.

Tous les corps simples sont solides, excepté l'hydrogène, le chlore, l'azote et le mercure. Les corps composés sont ordinairement solides. Ceux qui sont gazeux sont en petit nombre, et se trouvent en petite quantité dans la nature. L'oxygène, au contraire, est très répandu dans la nature, puisqu'il fait partie de l'air. De tous les gaz, c'est lui qui se combine au plus grand nombre de corps. *En général, dans ses combinaisons, il passe de l'état gazeux à l'état solide ou liquide*, et par conséquent éprouve une grande contraction. C'est donc lui qui, par sa combinaison aux autres corps, donne lieu le plus souvent au phénomène de la combustion. Aussi nomme-t-on généralement *combustibles* les substances qui peuvent se combiner à l'oxygène.

Comment expliquer que, dans la combinaison de certains corps, il y a dégagement de lumière?

L'expérience a démontré que tous les corps sont lumineux, lorsqu'ils sont à la température de 5oo à 6oo°. Il y aura donc, dans la combinaison de deux ou plusieurs corps, dégagement de lumière toutes les fois que le dégagement de calorique aura suffi pour élever à 5oo ou 6oo° la température d'un ou de plusieurs des produits de la combinaison.

Lorsque deux ou plusieurs corps en se combinant, expulsent, par le rapprochement de leurs molécules, une quantité plus ou moins grande de calorique qui, devenu libre, se dégage, ils n'ont plus, lorsqu'ils sont combinés, le calorique qu'ils ont perdu en s'unissant, et par conséquent ils ont moins de calorique qu'ils n'en avaient avant de s'unir. Donc, si réellement le calorique dégagé pendant la combinaison des corps, provient du rapprochement de leurs molécules, le produit de la combinaison, qui n'est autre chose que le corps combiné, doit contenir moins de calorique que les corps qui le forment n'en renfermaient avant leur combinaison. Ainsi, lorsque l'oxygène et l'hydrogène se combinent pour former de l'eau, si le dégagement du calorique provient du rapprochement des molécules des deux gaz, l'eau produite contiendra moins de calorique que l'oxygène et l'hydrogène qui l'ont formée, puisqu'elle n'aura plus le calorique, que ces deux gaz qui occupaient un grand volume ont expulsé d'entre leurs molécules en se concentrant pour la former.

Il s'est cependant trouvé des hommes d'un grand talent d'ailleurs, qui ont cru reconnaître que l'eau contient plus de calorique que n'en contenaient l'oxygène et l'hydrogène qui la forment par leur combinaison ; c'est-à-dire que dans cette hypothèse, bien que l'oxygène et l'hydrogène, en passant à l'état d'eau, perdent beaucoup de calorique, devenus liquides ils en auraient néanmoins plus qu'avant d'en avoir perdu. L'apparence, si apparence il y avait, était illusoire : sans doute il peut être vrai que l'eau contient plus de calorique libre que n'en contenaient, avant la combinaison, l'oxygène et l'hydrogène qui la forment, et que, comme l'ont prouvé Delaroche et Bérard, *la chaleur spécifique du produit de la combustion est souvent aussi grande ou même plus grande que celle de la somme des éléments qui se combinent pendant la combustion* ; mais ce résultat ne prouve aucunement que le produit de la combustion contienne en effet plus de calorique que n'en contenaient ses composants, ou si on veut, le calorique spécifique des corps n'indique en rien la quantité réelle de calorique qu'ils contiennent. C'est ce que je tâcherai de prouver dans une note à la fin de cette leçon. Pour le moment je me contenterai d'observer que dans les sciences, comme partout ailleurs, un grand nombre d'idées erronées sont reçues sans examen, sur la foi d'un nom célèbre,

(19)

Parce qu'on a cru que, dans le cas où le produit
de la combustion contient moins de *calorique spécifique* que ses composants, l'ancienne théorie de-
venait insuffisante pour expliquer le fait, on s'est
occupé à enchercher une autre ; et Berzélius
ayant observé que les corps qui se combinent ont
des électricités différentes ; que, lorsque deux électricités de nature différente se combinent, il y a
dégagement de calorique et de lumière , que par
conséquent deux ou plusieurs corps ne peuvent se
combiner, sans qu'en même temps leurs électricités
ne se combinent, et qu'il n'y ait dégagement de calorique et souvent de lumière , il a cru devoir admettre que le dégagement de calorique ou du
moins la majeure partie de ce dégagement ayant
lieu pendant la combinaison, est produite par la
combinaison des deux électricités.

DE LA FLAMME.

On a défini la flamme : une matière gazeuse,
chauffée au point d'être lumineuse.

Cette définition est exacte ; car la flamme n'é-
tant ni solide ni liquide , est nécessairement gazeuse ; et si la flamme est lumineuse, c'est qu'elle
est suffisamment chauffée pour arriver à cet état.

On prouve la haute température de la flamme
en mettant, au milieu des flammes ordinaires,
un corps solide. Il devient rouge-blanc. Les corps
solides devenus rouge-blanc dans l'intérieur de

la flamme, lui donnent alors un grand éclat, probablement parce qu'ils en réfléchissent la lumière.
Aussi, lorsqu'on veut augmenter l'intensité de
celle qui se produit dans la combinaison du soufre
avec l'oxygène, par exemple, place-t-on au milieu de leur flamme, de l'amiante, une gaze métallique ou tout autre corps solide. On conçoit,
d'après cela, pourquoi, lorsque de la combustion
résulte une substance solide, l'intensité de la
flamme devient très considérable. Ainsi, le phosphore qui, en se combinant à l'oxygène, forme de
l'acide phosphorique *solide*, donne une flamme
extrêmement vive.

Lorsque la flamme passe à travers un tissu métallique, elle se refroidit. Pourquoi ? C'est qu'elle
ne peut passer au travers de ce tissu, sans lui céder de son calorique, et par conséquent sans se
refroidir, en raison du calorique dont le tissu l'a
privée.

Lorsque la flamme passe rapidement au travers
d'un tissu métallique, elle se refroidit moins que
lorsqu'elle y passe *lentement;* car moins long-
temps elle est en contact avec les mailles du tissu,
moins elle lui cède de calorique, et plus elle en
garde.

Plus la température de la toile métallique est
élevée, plus la flamme la traverse avec facilité ;
car il est évident que plus la toile métallique est
chaude, moins elle refroidit la flamme.

Ce que nous venons de voir sur la flamme et

sur la propriété des toiles métalliques, nous met
en état de comprendre l'explication de l'instrument dont on se sert pour obtenir d'un mélange
d'oxygène et d'hydrogène une grande élévation de
température.

La chaleur développée par cet instrument, est
suffisante pour fondre en quelques secondes la plupart des corps qu'on expose à son action.

Chalumeau de Barruel. On introduit un volume d'oxygène et deux d'hydrogène dans une
vessie à fortes parois, munie d'un robinet. Au robinet se visse un cylindre de cuivre dans lequel
on a disposé 100 à 150 toiles métalliques à mailles
très fines pressées les unes contre les autres. Au
cylindre s'adapte un tube effilé dans la partie qui
le termine. La vessie s'introduit dans une boîte de
sapin à parois minces, afin d'éviter les accidents,
si le mélange venait à s'enflammer. On fait passer
le tube du chalumeau par une ouverture pratiquée
dans une des parois de la boîte. La vessie est recouverte d'une planche entrant avec facilité dans
cette boîte.

Lorsqu'on veut se servir de l'instrument, on
met sur la planche mobile recouvrant la vessie,
un poids de 50 livres. On ouvre le robinet du chalumeau. Le gaz comprimé se dégage ; on l'enflamme avec un corps en ignition. A mesure que
la vessie se vide, le poids descend, et la compression restant uniforme, le jet de gaz n'est pas ra-
lenti, et la rétrocession de la flamme dans l'ap-

pareil ne peut avoir lieu. D'ailleurs la flamme serait tellement refroidie par la quantité de calorique dont la priveraient les toiles métalliques qu'elle aurait à traverser, qu'en arrivant dans l'appareil, elle n'aurait plus la température suffisante pour enflammer le mélange d'oxygène et d'hydrogène.

COURS DE CHIMIE.

3ᵉ Leçon. (Suite.)

BORE.

Propriétés physiques. État. Le bore est solide, car tous les métalloïdes sont solides, excepté les deux premiers et les deux derniers.

Couleur. Il est brun (brun verdâtre), car les métalloïdes solides sont bruns, excepté le phosphore et le soufre.

Pesanteur. Il est plus pesant que l'eau , car tous les métalloïdes solides, sont plus pesants que l'eau.

Action de l'eau et Saveur. Insoluble, et par-conséquent insipide , car les métalloïdes sont insolubles et insipides, excepté l'iode , le brôme et le chlore.

Odeur. Inodore, car les métalloïdes sont inodores, excepté l'iode, le brôme, le chlore et le phosphore.

État naturel. Il ne se trouve pas dans la nature à l'état de pureté, car aucun des métalloïdes ne se trouve à l'état de pureté dans la nature, excepté le soufre et le carbone.

On l'y trouve à l'état de combinaison, car tous les corps simples s'y trouvent nécessairement.

Usages. Inusité.

Propriétés chimiques. Action du calorique. Soumis à l'action du calorique, il ne fond ni ne se volatilise, car les trois premiers métalloïdes solides ne fondent ni ne se volatilisent. Il est mauvais conducteur du calorique et du fluide électrique, car tous les métalloïdes, etc.

Action de l'oxygène libre. A froid, l'oxygène ne s'unit pas à lui, car il ne s'unit, dans cet état, à aucun métalloïde.

A une température élevée (un peu au-dessus de la chaleur rouge), le bore se combine à l'oxygène libre, et forme de l'acide borique, car les quatre premiers métalloïdes solides se combinent à l'oxygène et forment des acides en *ique.*

Action de l'oxygène naissant. L'oxygène naissant peut se combiner à lui, car il se combine à tous les métalloïdes.

Propriété essentielle. Le bore, se combinant à l'oxygène libre, se reconnaît par l'oxygène libre.

On introduit dans une cloche contenant de l'oxygène, le corps qu'on présume être du bore ; on élève la température : il doit se former un acide que plus tard nous connaîtrons pour être l'acide borique.

Dans cette expérience, tout le bore n'est pas converti en acide borique, parce que, à mesure que cet acide se forme, il se vitrifie, recouvre le bore, et l'empêche d'être en contact avec l'oxygène. Comme l'acide borique est soluble dans l'eau ainsi

que tous les autres acides métalloïdiques, et que le
bore, au contraire, ne l'est pas, on le sépare de
l'acide, en mettant le mélange dans l'eau : l'acide
soluble se dissout, et le bore reste au fond.

CARBONE.

État. Le carbone pur obtenu par l'art est opaque, pulvérulent. Dans la nature, on le trouve
cristallisé, ordinairement transparent, tantôt incolore, tantôt coloré en jaune, bleu, rose, gris ou
brun. Dans cet état, il constitue le diamant, le plus
dur de tous les corps, car il les raye tous, et ne peut
être rayé par eux.

DIAMANT.

Pesanteur. Le diamant est plus pesant que l'eau,
car tous les métalloïdes solides sont plus pesant que
l'eau (sa pesanteur spécifique varie entre 3,05 et
3,55).

Odeur. Inodore, car tous les métalloïdes sont
inodores, excepté l'iode, le brome et le chlore.

Action de l'eau. Saveur. Insoluble, et par conséquent insipide, car tous les métalloïdes sont insolubles et insipides, excepté l'iode, le brome et le
chlore.

Propriétés chimiques. Action du calorique. Soumis à l'action de cet agent, il ne fond ni ne se volatilise, car les trois premiers métalloïdes solides ne
fondent ni ne se volatilisent.

Il est mauvais conducteur du calorique et du fluide électrique, car tous les métalloïdes, etc.

Action de l'oxygène libre. A froid, l'oxygène ne s'unit pas à lui (il ne se combine en cet état à aucun métalloïde). A une température élevée, l'oxygène se combine au diamant et donne de l'acide carbonique. En effet, l'oxygène, à une température élevée, se combine avec les métalloïdes jusqu'au sélénium inclusivement, et donne avec les quatre premiers métalloïdes solides des acides en *ique*.

Expérience. On met du diamant dans un tube de porcelaine qu'on fait passer dans un fourneau à réverbère. A chacune des extrémités du tube, on adapte une vessie à robinet ; on remplit une de ces vessies d'oxygène, et après avoir élevé le température jusqu'à faire rougir le tube de porcelaine, on ouvre les robinets des vessies, et comprimant lentement celle qui contient l'oxygène, on force ce gaz à passer sur le diamant incandescent ; on répète plusieurs fois la même manipulation. Le diamant disparaît s'il y a une quantité suffisante d'oxygène, et se convertit en acide carbonique. S'il y avait eu un excès de diamant, on aurait obtenu de l'oxyde de carbone, car le diamant en excès, aurait décomposé l'acide carbonique formé. En effet, si la température est suffisamment élevée, et dans l'expérience elle était très élevée, un corps simple peut toujours décomposer ses oxydes d'un degré supérieur (j'appelle ainsi les oxydes plus oxydés que le protoxyde). Ainsi le manganèse décomposerait le bioxyde de manganèse : les deux métaux ayant pour l'oxygène la même affinité, se partageraient nécessairement l'oxygène.

On ne voit pas immédiatement pourquoi le diamant, doué d'une grande affinité pour l'oxygène, ne se combine cependant à lui qu'à une température très élevée : cela vient de ce que les corps ne se combinent facilement que lorsqu'ils sont dans un grand état de division ; car, ainsi que nous l'avons dit, les corps se combinent de molécule à molécule. Or, le diamant étant très dense a besoin d'une grande quantité de calorique pour que ses molécules soient écartées, et qu'il permette à celles d'un autre corps de pénétrer sa substance. En général, les affinités étant égales, les corps très denses se combinent plus difficilement avec les autres que les corps poreux ; car ils se mettent avec eux plus difficilement en contact de molécule à molécule.

Les autres variétés de carbone absorberaient d'autant plus facilement l'oxygène qu'elles seraient moins denses. Le charbon de bois l'absorbe plus aisément que l'anthracite, et celle-ci plus aisément que le diamant.

Propriété essentielle. Le diamant, en se combinant à l'oxygène, se convertit complétement en acide carbonique ; il est donc formé de carbone ; d'ailleurs, des poids égaux de carbone et de diamant donnent la même quantité d'acide carbonique.

Usages. — Il n'est pas employé en médecine. Dans les arts, c'est un objet de luxe : on l'emploie cependant pour rayer les corps, et sur-tout le verre.

CHARBON.

Le charbon ordinaire provenant de la décomposition des substances végétales par le feu, sans le contact de l'air, est formé d'hydrogène et de carbone, auxquels se joignent des matières salines et terreuses qui forment les cendres.

Le carbone, uni à quelques centièmes de matières étrangères, constitue l'*anthracite* ; uni au bitume, il constitue la houille ou charbon de terre.

CHARBON VÉGÉTAL.

Propriétés physiques. Le charbon végétal est solide, noir, facile à réduire en poudre. Bien qu'il soit friable, sa poudre est néanmoins assez dure pour servir à polir les métaux.

Action de l'eau et Saveur. Il est insoluble dans l'eau et insipide, car, parmi les métalloïdes solides, il n'y a que l'iode, le brôme et le chlore qui soient solubles dans l'eau, et par conséquent sapides.

Odeur. Inodore, car tous les métalloïdes sont inodores, excepté l'iode, le brôme, le chlore et le phosphore.

Pesanteur. Il est plus pesant que l'eau, car tous les métalloïdes solides sont plus pesants que l'eau. Cependant il est des charbons qui surnagent ce liquide : ce sont ceux qui, étant très poreux, contiennent des gaz ou de l'air ; en effet, ils vont au fond de l'eau lorsqu'on les soumet à l'action du calorique qui, dilatant ces gaz, les force à se dégager, ou, si on les abandonne quelque temps sur l'eau qui, pénétrant leurs pores, dégage la plus grande partie de l'eau, en s'introduisant à sa place.

Action du calorique. Chauffé à vase clos, le charbon n'est ni fondu, ni volatilisé. (Les trois premiers métalloïdes solides ne fondent ni ne se volatilisent). Il laisse dégager de l'hydrogène.

Le charbon ordinaire, comme tous les métalloïdes, conduit mal le calorique et l'électricité ; mais lorsqu'il a été calciné (alors il a perdu une certaine quantité d'hydrogène) , il devient assez bon conducteur de ce dernier fluide, pour qu'il puisse servir à envelopper le pied des paratonnerres, et transmettre au sol l'électricité qu'ils peuvent recevoir des nuages.

Action de l'oxygène libre. A une température élevée, l'oxygène se combine au carbone du charbon et forme de l'acide carbonique, à son hydrogène, et forme de l'eau : il y a dégagement de calorique et de lumière.

Propriété essentielle. Comment obtenir sa propriété essentielle? En le traitant par l'oxygène libre; car tous les métalloïdes qui se combinent à l'oxygène libre donnent par lui leurs propriétés essentielles. Le carbone donne de l'acide carbonique.

Absorption des gaz par le charbon et par les corps poreux. — Le charbon, *comme tous les corps poreux,* absorbe une quantité plus ou moins grande d'un gaz quelconque, quelle que soit la nature de ce gaz. Cette absorption varie suivant la nature du charbon et celle du gaz absorbé. Une mesure de charbon de buis absorbe à la température de 11 à 13º (selon Théodore de Saussure) :

90. Mesures de gaz.	Amoniaque.
85.	Acide hydrochlorique.
65.	Acide sulfureux.
55.	Acide hydro-sulfurique.
40.	Protoxyde d'azote.
35.	Acide carbonique.
35.	Hydrogène bi-carboné.
9,42.	Oxyde de carbone.
9,25.	Oxygène.
9,5.	Azote.
1,75.	Hydrogène.

On conçoit que si l'absorption de ces gaz se faisait rapidement, il y aurait dégagement de calorique très considérable ; car il serait proportionnel à leur condensation ; mais l'absorption a lieu lentement, et par conséquent l'élévation de température est faible. On comprend aussi que, si l'on élève la température, le volume des gaz condensés augmentant, ils se dégagent; et pour produire cet effet, il suffit d'une chaleur de 100 à 150°. On doit observer de plus, que ceux de ces gaz ayant eux-mêmes, ou dont les éléments ont de l'affinité pour le carbone, peuvent très bien se combiner à lui, puisqu'ils se trouvent en contact avec ses molécules dans un grand état de division, fortement condensés ; et qu'il y a élévation, de température. En effet, l'oxygène se combine au carbone et se dégage à l'état d'acide carbonique. Le protoxyde d'azote (l'azote a fort peu d'affinité pour l'oxygène) est en partie décomposé; il se dégage de l'acide carbonique, et l'azote est mis à nu. Les autres gaz ne sont pas altérés.

Enfin, on conçoit ce fait qu'on n'avait pas expliqué : Pourquoi les métaux rendus poreux (en éponge), et ceux-là seulement, ainsi que nous le constaterons plus tard, déterminent-ils la combinaison d'un mélange d'oxygène et d'hydrogène avec lequel ils sont en contact, sans qu'il soit nécessaire d'élever leur température?

Les deux gaz sont absorbés, ou l'un d'eux seulement; et comme à l'état naissant ils se combinent à froid, qu'ils ne se combinent à froid que parce qu'ils sont condensés ou que l'un d'eux est condensé; que dans cette circonstance, ils sont condensés; que, par conséquent, ils doivent avoir, pour se combiner, la même facilité qu'à l'état naissant; que, d'ailleurs, il y a élévation de température, il n'est pas étonnant qu'ils se combinent et forment de l'eau; et comme dans ce cas, en raison de la contraction des gaz, il y a dégagement de calorique et de lumière, ce dégagement de calorique est ensuite plus que suffisant pour entretenir la combustion.

L'absorption des gaz par le charbon dépend-elle de la température? — A cet égard, il ne peut exister aucun doute. Supposons, en effet, le gaz absorbé; si l'on élève la température, il augmentera de volume; s'il augmente de volume, il ne peut plus être contenu dans les pores du charbon ; nécessairement il se dégage. Or, il est contradictoire d'admettre que les gaz soient absorbés à une température à laquelle ils se dégageraient s'ils n'avaient pas été précédemment absorbés. On pense qu'à la température de 100° il ne se produit plus d'absorption.

Je suppose qu'un gaz ait été absorbé par le charbon, et qu'on introduise le charbon dans la machine pneumatique. A mesure qu'on diminuera la pression en faisant le vide, le gaz dont est imprégné le charbon sera dilaté, parce que le calorique qui est entre ses molécules n'étant plus soumis à la pression qu'elles supportaient, pourra les écarter sans obstacle. *L'absorption dépend donc de la pression.* En effet, l'expérience prouve que plus la pression est forte, plus la quantité de gaz absorbé est considérable. Dans le vide de la machine pneumatique, la pression est nulle, l'absorption est également nulle; et si elle avait eu lieu précédemment, tout le gaz absorbé se dégage.

L'absorption dépend encore du vide des pores. On voit bien que plus les pores sont remplis, moins ils peuvent loger de gaz. Ainsi, lorsqu'on voudra se servir du charbon comme absorbant, on fera sortir, soit par l'action du calorique, soit au moyen de la machine pneumatique, l'air ou les gaz qui remplissent ses pores.

Enfin, l'absorption dépend de la nature des gaz. Généralement, les corps poreux absorbent en plus grande quantité les gaz très solubles dans l'eau. On pourra s'en assurer plus tard, lorsque connaissant le degré de solubilité des gaz dans ce liquide, on voudra jeter les yeux sur le tableau précédent.

Elle dépend aussi *de la nature du corps absorbant.* Les bois absorbent plus l'hydrogène que l'azote, tandis que le charbon absorbe plus l'azote que l'hydrogène.

Du nombre des pores. — Moins est grande la *quantité des pores,* moins l'absorption est considérable. D'où il suit que les charbons dont les pores ont un très grand diamètre, et qui, par conséquent, n'ont qu'uu petit nombre de pores, absorbent beaucoup moins que ceux dont les pores ont un diamètre très petit, ou dont la densité est très grande. Eu effet, le charbon de liége absorbe fort peu d'air, tandis que le charbon de buis en absorbe sept fois et demie son volume. Cependant, il existe une limite à laquelle les pores seraient tellement petits, que les gaz ne pourraient plus les pénétrer.

Usages du charbon. On s'en sert comme combustible. Uni au soufre et à l'azotate de potasse, il constitue la poudre à canon. A l'état de noir de fumée et trituré avec un corps gras, il forme l'encre d'imprimerie. Combiné en petite proportion au fer, il forme l'acier. On s'en sert avec succès pour décolorer et clarifier les liquides, particulièrement les sirops.

Les marins charbonnent les tonneaux dans lesquels ils veulent conserver de l'eau. En effet, les eaux contiennent toujours des matières végétales et animales en suspension ou en dissolution. Ces matières, pour la plus grande partie, se résolvent en gaz ; ces gaz se dissolvant et se condensant dans l'eau, lui communiqueraient une saveur et une odeur désagréables. Lorsque les tonneaux sont charbonnés, les gaz sont absorbés à mesure qu'ils se développent.

Le charbon peut encore servir à enlever aux viandes faisandées, c'est-à-dire qui se décomposent en élémens gazeux fétides, leur odeur et leur saveur désagréables. Pour arriver à ce résultat, on introduit dans de l'eau bouillante où les viandes ont été placées, des charbons *incandescens*, afin que leurs pores soient plus libres. Pourquoi met-on les viandes dans l'eau bouillante ? c'est pour que les gaz qu'elles contiennent se dégagent ; car le charbon n'absorbe que les gaz libres avec lesquels il est en contact.

Enfin, l'eau bourbeuse, filtrée à travers une couche de quelques pouces de charbon pilé, devient claire et potable, sur-tout si on l'expose à l'air, seulement pendant vingt-quatre heures : on l'expose à l'air, parce que si le charbon a débarrassé l'eau des gaz qui nuisaient à sa pureté, il a pu simultanément absorber plus ou moins complétement l'air qui lui est nécessaire. C'est pour que ce gaz lui soit rendu (qu'elle soit *aérée*) qu'il faut la laisser quelque temps en contact avec l'air de l'atmosphère.

A Paris, ce procédé est en usage pour purifier les eaux de la Seine : on place le charbon entre deux couches de sable ; celles-ci sont placées elles-mêmes entre deux couches de gravier : ces couches de gravier et de sable servent à le maintenir, et

sur-tout probablement à arrêter les matières boueu-
ses qui obstrueraient les pores du charbon, et lui
enlèveraient son action absorbante.

En médecine, on l'a administré, dans certaines
maladies, pour détruire la mauvaise odeur des matières fécales. Réduit en poudre fine, il est bon
dentifrice, en raison de la dureté de ses molécules ;
on en a fait des pastilles pour corriger la mauvaise
haleine. On l'administre sous le nom de magnésie
noire.

PHOSPHORE.

État. Le phosphore est solide ; car tous les métalloïdes sont solides, excepté les deux premiers et
les trois derniers ; il est très flexible ; mais il suffit
qu'il contienne 1/600 de soufre pour devenir cassant. Il est facile à rayer avec l'ongle et à couper
avec tous les instrumens tranchans.

Action de l'eau. Il est insoluble dans l'eau, car
tous les métalloïdes sont insolubles, excepté, etc.

Saveur. Insipide, puisqu'il est insoluble.

Odeur. Il est odorant, par conséquent il se volatilise à la température ordinaire ; son odeur est faible, alliacée. (*Généralités.*)

Couleur. Sa couleur varie suivant l'arrangement
de ses molécules. Ainsi, il peut être blanc jaunâtre
et transparent ; incolore et transparent ; noir et
opaque.

Pesanteur. Il est plus pesant que l'eau, car tous
les métalloïdes solides sont plus pesans que l'eau.

État naturel. Le phosphore n'existe point à l'état de pureté dans la nature, car aucun des métalloïdes non gazeux ne s'y trouve, excepté le carbone et le soufre. Il était d'ailleurs facile de le prévoir pour le phosphore qui s'enflammerait nécessairement à l'air.

À l'état de combinaison, on l'y trouve en grande quantité. Comme phosphate de chaux, il fait la base de la portion dure du squelette des animaux, et compose plusieurs montagnes de l'Estramadure. Combiné à l'oxygène, à l'hydrogène, au carbone et à l'azote, il forme la laitance de carpe et une partie de la matière cérébrale et des nerfs.

Action du calorique. Soumis à l'action du calorique, il fond (à 43°) ; car tous les métalloïdes solides fondent, excepté les trois premiers : à l'état de fusion, il est transparent, et ressemble à une huile blanche. Si on le soumet à une chaleur de 60 à 70°, et qu'on le refroidisse lentement, il reste blanc et transparent ; si on le refroidit subitement, il conserve encore sa couleur et sa transparence, à moins que le phosphore sur lequel on agit, n'ait été plusieurs fois volatilisé, car alors il deviendrait noir. Le phosphore noir, fondu de nouveau et refroidi *lentement*, reprend sa couleur blanche. — Le phosphore est volatil ; car tous les métalloïdes fusibles sont volatils. On peut le distiller. Comme à la température à laquelle il se volatilise, il se combine à l'oxygène *gazeux*, forme de l'acide phosphorique *solide*, et que par conséquent il s'enflamme, il faut quelques précautions pour faire cette expérience.

(37)

On prend une cornue petite relativement au volume de phosphore qu'on veut volatiliser ; on fait dégager, en chauffant le col de cette cornue, une partie de l'air qu'elle contient. Au col de la cornue l'on adapte un récipient plein d'eau; l'on chauffe la cornue ; le phosphore se volatilise et arrive dans le récipient : il reste toujours dans la cornue de l'oxyde rouge de phosphore, formé probablement par la combinaison d'un peu de phosphore avec l'oxygène de l'air qui n'est pas sorti du vase. A la fin de l'expérience, on retire du récipient le col de la cornue, et on le bouche immédiatement, de peur que s'il contenait encore du phosphore, la rentrée de l'air ne vînt à l'enflammer; enfin, on laisse refroidir la cornue.

On réduit le phosphore en poudre en agitant l'eau chaude dans laquelle il est fondu. On obtient une poudre plus fine en l'agitant dans l'alcool.

Le phosphore est mauvais conducteur du calorique et de l'électricité, car tous les métalloïdes, etc.

Action de la lumière. Exposé à *l'action des rayons solaires*, le phosphore, conservé dans l'hydrogène, dans l'azote ou même dans le vide, devient rouge. On pense qu'il se forme de l'oxyde rouge de phosphore avec l'oxygène d'une petite quantité d'eau que le phosphore retient, et qui est décomposée. *A la lumière diffuse* (on appelle ainsi celle qui n'est pas produite immédiatement par les rayons solaires), le phosphore devient encore rouge, mais très lentement.

Action de l'oxygène libre. L'oxygène ne se combine pas au phosphore *à froid* ; (il ne se combine à aucun métalloïde à froid) : en effet, à la pression ordinaire de l'atmosphère , l'oxygène ne se combine pas au phosphore au-dessous de 27° centig. Sous une pression moindre , il s'y combine au-dessous de 27°.

C'est un fait que la diminution de pression favorise la combinaison du phosphore avec l'oxygène. Si nous en cherchons la raison , nous la trouvons en ce que la volatilisation du phosphore devenant nécessairement plus abondante avec la diminution de pression , il se trouve par cela même en contact avec l'oxygène d'une manière plus intime et dans un plus grand état de division, puisque ses vapeurs sont mélangées à ce gaz en plus grande proportion.

Ainsi , la combinaison étant rendue plus facile à mesure que la pression diminue, cette combinaison peut avoir lieu, par exemple, à 20, à 10, à 6+0°. Cependant, quelle que soit la diminution de pression , la combinaison n'est plus possible à 5+0° , ni au-dessous à plus forte raison. Le produit de cette combinaison lente de l'oxygène avec le phosphore est de l'acide hypo-phosphorique, qui par lui-même est solide , mais qui se dissolvant dans l'humidité de l'air , forme un *nuage blanc* qui ne tarde pas à se précipiter.

Si au lieu de diminuer la pression ordinaire, on l'augmente , la combinaison du phosphore avec l'oxygène ne se produit plus qu'au-dessus de 27° centig. Mais si, au lieu de diminuer la pression, on mêle une quantité plus ou moins grande d'azote, d'hydrogène ou d'acide carbonique à un volume donné d'oxygène, la combinaison se produit encore au-dessous de 27°, et le phosphore brûle ; en effet, le nuage blanc, qui est un indice certain de la combustion, puisqu'il en est le résultat, apparaît : en outre, le phosphore devient lumineux dans l'obscurité.

Le mélange de ces gaz semble donc favoriser la volatilisation du phosphore, comme pourrait le faire une diminution de pression. Comment l'expliquer ? Lorsqu'un bâton de phosphore est dans une cloche contenant de l'oxygène seul à la température ordinaire ou au-dessous, à mesure qu'il se volatilise, il se combine immédiatement à l'oxygène qui l'environne de toutes parts, et forme avec lui de l'acide hypo-phosphorique qui, le recouvrant comme un vernis, empêche presque aussitôt son contact avec l'oxygène et sa volatilisation. Au contraire, lorsque l'oxygène est mélangé à un gaz, à l'azote, par exemple, le phosphore, moins immédiatement en contact avec l'oxygène, par cela même qu'il est en contact avec l'azote, se volatilise entre les molécules de l'azote ; et la combinaison ne se faisant, au moins en grande partie, que lorsque les vapeurs du phosphore sont mélangées à l'oxygène, c'est-à-dire à distance du phosphore, l'acide hypo-phosphorique qui en résulte, ne recouvre pas aussi promptement la surface du phosphore (sur-tout s'il y a de l'eau dans l'appareil, car alors cet acide se dissout dans l'humidité à mesure qu'il se forme), et par conséquent n'empêche pas aussitôt sa volatilisation.

La volatilisation du phosphore rendue plus abondante dans un mélange d'azote et d'oxygène, servira, d'ailleurs, à nous expliquer pourquoi le phosphore exposé à l'air (azote plus oxygéné) est lumineux dans l'obscurité à la température et à la pression ordinaires. Il se combine lentement à l'oxygène de l'air, dont l'azote est mis à nu.

A une température élevée, le phosphore se combine subitement à l'oxygène et forme de l'acide phosphorique solide. Y a-t-il dégagement de calorique et de lumière ? évidemment, puisque l'oxygène passe de l'état gazeux à l'état solide.

Propriété essentielle. **A** une température élevée, le phosphore se combine à l'oxygène et produit de l'acide phosphorique. (On sait que tous les métalloïdes qui se combinent à l'oxygène, donnent par lui leur propriété essentielle.) *Généralités.*

Action sur l'économie animale. **A** faible dose, c'est un excitant général très puissant ; son action est prompte, mais de courte durée ; il paraît agir spécialement sur le système nerveux : on l'a quelquefois employé comme aphrodisiaque.

SOUFRE.

État. Le soufre est solide, très fragile ; lorsqu'on le tient à la main, le calorique qui s'en dégage, en s'introduisant entre les molécules de ce métalloïde, le fait craquer et le rompt très souvent.

Couleur : jaune citron.

Action de l'eau et Saveur. Le soufre est insoluble dans l'eau et insipide, car tous les métalloïdes sont insolubles dans l'eau et insipides, excepté l'iode, le brome et le chlore.

Odeur. Inodore à la température ordinaire, car tous les métalloïdes sont inodores, excepté, etc. : par le frottement, il prend une légère odeur.

Pesanteur. Plus pesant que l'eau (1,99); car tous les métalloïdes solides sont plus pesans que l'eau.

État naturel. Le soufre existe en grande quantité dans la nature à l'état de liberté; on l'y trouve en masses, en cristaux jaunâtres, et particulièrement dans le voisinage des volcans, en poussière mélangée de matières terreuses.

A l'état de combinaison, il existe dans les sulfates, sels très répandus dans la nature (le sulfate de chaux est la pierre à plâtre), dans les eaux minérales sulfureuses. Plusieurs végétaux, et sur-tout les crucifères, en contiennent des quantités très sensibles; on en trouve également dans quelques matières animales, dans les œufs, par exemple.

Action du calorique. Soumis à l'action du calorique, il fond (à 108°); à une température plus élevée, il se volatilise; à une température élevée, tous les métalloïdes solides, excepté les trois premiers, fondent et se volatilisent.

Entre 110 et 140°, il a la consistance d'un vernis

clair. Sa couleur ressemble à celle de l'ambre jaune ; vers 160°, il prend une teinte *rougeâtre* ; et si l'on continue de le chauffer, il devient tellement épais, sur-tout entre 220 et 250°, qu'on peut renverser le vase qui le contient, sans qu'il s'écoule. Au-delà de 250°, et jusqu'au point où il se sublime, il paraît se liquéfier, sans cependant devenir jamais aussi fluide qu'il l'était à 120°, et sans perdre sa couleur brun rougeâtre. Le refroidit-on subitement après l'avoir chauffé seulement jusqu'au point de le faire fondre, il forme une masse cassante ; tandis que s'il a été chauffé au point de s'épaissir et au-delà, il devient d'autant plus mou qu'on l'a plus chauffé : on peut l'obtenir assez mou et assez ductile pour le tirer en fils de plusieurs pieds de longueur, aussi fins qu'un cheveu.

Comme le soufre se combine à l'oxygène libre à une température peu élevée au-dessus du point de fusion (à 150°), lorsqu'on veut le volatiliser, il faut adapter au col de la cornue qui doit servir à l'expérience, un récipient plein d'eau, comme pour la volatilisation du phosphore. Ses vapeurs sont jaunes.

Action de l'oxygène libre. L'oxygène libre ne se combine pas à froid avec le soufre ; car il ne se combine, etc., etc., A une température élevée (de 150°), il s'y combine et forme de l'acide sulfureux, reconnaissable à son odeur piquante, astringente, extrêmement prononcée. Il y a dégagement de calorique et d'une lumière faible (blanche bleuâtre), car le produit de la combinaison est gazeux.

(43)

Comment distinguer le soufre ? en mettant à une température élevée, en contact avec l'oxygène, le corps qu'on présume être du soufre ; il doit se former un gaz qu'à son odeur piquante, suffocante, la même que celle des allumettes, on reconnaît pour de l'acide sulfureux. (*Généralités.*)

A l'état naissant l'oxygène se combine au soufre, car il se combine à tous les métalloïdes.

Usages. En médecine, on le considère comme excitant du système exhalant. A l'extérieur, on l'emploie trituré avec du cérat ou de la graisse de porc, dans le traitement des dartres, de la gale, de la teigne. A la dose d'un à trois gros, le soufre administré à l'intérieur est regardé comme purgatif.

Dans les arts, on imprègne de soufre fondu les allumettes, afin de les rendre plus inflammables. Mêlé à l'azotate de potasse (sel de nitre) et au charbon, le soufre fait partie de la poudre à canon.

Extraction du soufre. On extrait le soufre des matières terreuses auxquelles il se trouve mélangé, principalement aux environs des volcans. Le soufre ayant la propriété de se volatiliser par l'action du calorique, tandis que les matières terreuses ne sont pas volatiles, il est facile de l'en séparer.

On introduit dans des pots de terre cuite des morceaux de mine de la grosseur du poing. On adapte à une ouverture pratiquée à leur partie supérieure, un tuyau dont l'extrémité les recouvre tous, et qui en se recourbant, va se rendre dans d'autres pots de terre troués à la partie inférieure. Au-dessous de l'ouverture de ces pots, on dispose un canal en bois nommé tinette, et contenant de l'eau. On chauffe : le soufre fond et se volatilise ; les vapeurs arrivent dans les pots ; et comme leurs parois sont plus froides que le centre, le soufre qui se trouve en contact avec ces parois, passant immédiatement de l'état de gaz à l'état solide, se réduit en poudre, et forme ce qu'on nomme des *fleurs de soufre non lavées* : en effet, elles n'ont pas encore passé dans l'eau. Le soufre qui est arrivé au centre des pots, se refroidissant plus lentement, passe d'abord à l'état liquide, s'écoule par les trous situés à la partie inférieure, et tombe dans la tinette où il se refroidit et se réduit en masses ; c'est ce qu'on nomme le *soufre brut*.

Le soufre obtenu par ce procédé n'est pas pur ; il contient environ 1712 de son poids de matières terreuses qu'il a entraînées ; on le sublime de nouveau, et pour y parvenir, on le chauffe dans une chaudière en fonte recouverte d'un chapiteau en maçonnerie, qui par un tuyau communique avec une chambre dont le plancher est incliné, et à la partie déclive de laquelle doivent être des conduits en bois munis de robinets. Celles des vapeurs de soufre qui, arrivant dans la chambre, se trouvent en contact avec ses parois qui sont froides, passent aussitôt à l'état solide, et forment une poudre nommée fleurs de soufre lavées, le soufre qui les donne ayant passé dans l'eau de la tinette. Celles

qui ne sont pas en contact avec les murailles,
se refroidissent plus lentement, passent à l'état
de liquide, et tombant sur le plancher incliné,
s'écoulent dans des moules en bois de sapin mouillés
et égouttés où le soufre prend la forme de cylindre. Ce soufre est connu dans le commerce sous
le nom de *soufre en canon*.

Comme le soufre arrivant dans l'intérieur de la
chambre est à une température élevée, et qu'en
se refroidissant, il abandonne de son calorique qui
s'introduit entre les molécules de l'air de la chambre, les écarte et les dilate, on ménage à la partie
supérieure de la chambre une soupape, laquelle,
avant que la pression exercée par l'air intérieur
contre les parois ne devienne assez considérable
pour causer des accidens, s'ouvre et laisse sortir
l'air raréfié.

Cette soupape a d'ailleurs l'avantage de refroidir
assez l'air de la chambre, pour que le soufre n'y
reste pas en vapeur.

Lorsque, par un refroidissement subit, le soufre
passe immédiatement de l'état gazeux à l'état solide, au lieu de se prendre en masse, il reste
pulvérulent. Le refroidissement que ses vapeurs
éprouvent au contact des murailles de la chambre
où elles se rendent, est suffisant pour produire ce
résultat : nous venons de l'observer. Dans les arts
on a profité de cette indication. Lorsqu'on a pour
but particulier d'obtenir du soufre en poudre, on
fait arriver les vapeurs de soufre dans une cham-

bre vaste, et on cesse l'opération pendant la nuit : l'étendue de la chambre et le refroidissement subit favorisent tellement l'opération, que tout le soufre se convertit en poudre.

On retire encore le soufre du sulfure de fer au maximum de sulfuration, ce corps étant très commun dans la nature. On le chauffe à vase clos ; une partie du soufre qu'il contient se volatilise. Le sulfure de fer retiré de l'appareil est exposé à l'air ; il en absorbe l'oxygène et se convertit aisément en sulfate de fer : l'absorption est quelquefois si rapide, que le dégagement de calorique qui résulte de la solidification de l'oxygène, rend le sulfure de fer incandescent.

Sélénium.

Propriétés physiques. Il est solide, cassant, facile à pulvériser, car tous les métalloïdes ont ces propriétés, excepté le phosphore qui est flexible, les deux premiers et les trois derniers qui ne sont pas solides.

Couleur. Il est brun, car tous les métalloïdes sont bruns : réduit en poudre, il est rouge foncé.

Action de l'eau et Saveur. Il est insoluble dans l'eau, par conséquent insipide, car tous les métalloïdes sont insolubles et conséquemment insipides, excepté l'iode, le brôme et le chlore.

Odeur. Il est inodore, car tous les métalloïdes sont inodores, excepté l'iode, le brôme, le chlore et le phosphore.

Usages. Inusité.

Pesanteur. Il est plus pesant que l'eau, car tous les métalloïdes solides sont plus pesans que l'eau.

État naturel. Il ne se trouve pas dans la nature à l'état de pureté, car aucun métalloïde ne se trouve en cet état dans la nature, excepté le soufre et le carbone.

On l'y trouve à l'état de combinaison avec les métaux.

Propriétés chimiques. Action du calorique. Soumis à l'action du calorique, il fond et se volatilise, car tous les métalloïdes fondent et se volatilisent. (Sa volatilisation a lieu à 102 ou 103°.)

Ses vapeurs sont rouges et inodores.

Il est mauvais conducteur du calorique et du fluide électrique, car tous les métalloïdes, etc.

Action de l'oxygène. A froid, l'oxygène ne se combine à lui qu'à l'état naissant, car ce n'est qu'à l'état naissant qu'il peut se combiner aux métalloïdes à froid. A une température élevée, il se combine à l'oxygène libre, car tous les métalloïdes jusqu'au sélénium inclusivement s'y combinent, etc. Il forme avec lui de l'oxyde de sélénium ou de l'acide sélénieux, selon qu'il est dans des circonstances plus ou moins favorables pour absorber l'oxygène.

Quelles sont les propriétés essentielles du Sélénium ?

Puisque le sélénium se combine à l'oxygène libre, il se reconnaît par l'oxygène libre. (*Généralités.*) Chauffé à l'air, il en absorbe l'oxygène, et passe à l'état d'oxyde de sélénium, reconnaissable à son odeur de chou pourri. (*Généralités.*)

IODE.

État. Il est solide, lamelleux, très friable ; il a l'apparence de la plombagine.

Couleur. Il est brun (bleuâtre), car tous les métalloïdes solides sont bruns ; il donne à la peau une couleur jaune : cette couleur disparaît à mesure qu'il se volatilise.

Pesanteur. Il est plus pesant que l'eau, car tous les métalloïdes solides sont plus pesans que l'eau.

Action de l'eau. Il est soluble dans l'eau, car l'iode, le brôme et le chlore sont solubles dans l'eau

Saveur. Astringente, caustique, extrêmement prononcée, car les trois métalloïdes solubles ont cette saveur.

Odeur. Il est odorant, car les trois métalloïdes solubles sont odorans : son odeur est piquante, analogue à celle du brôme et de l'iode,

Usages en médecine. Puisqu'il est doué d'une saveur astringente, il doit être employé et on l'emploie en effet comme astringent. Il peut faire disparaître les goîtres, soit complétement, soit en partie. L'on a remarqué que la plupart des substances auxquelles on attribuait la propriété de guérir cette maladie contiennent de l'iode.

A la dose d'un gros ou d'un gros et demi, l'iode détermine l'ulcération de la membrane muqueuse de l'estomac et la mort.

Dans les laboratoires, on l'emploie pour reconnaître l'amidon qui, se mélant à lui, forme une belle couleur bleue ; et réciproquement l'amidon sert à le faire reconnaître.

Etat naturel. Il ne se trouve pas dans la nature à l'état de pureté ; car seuls parmi les métalloïdes solides, le phosphore et le soufre se trouvent à cet état dans la nature. A l'état de combinaison il existe dans un grand nombre de fucus qui naissent sur les bords de la mer, dans les éponges, et dans l'eau-mère des salines alimentées par la Méditerranée.

Action de l'oxygène. L'iode ne se combine à *l'oxygène libre* ni à froid ni à chaud, car les métalloïdes ne se combinent à l'oxygène libre que jusqu'au sélénium inclusivement. Il se combine à *l'oxygène naissant:* c'est une propriété générale des métalloïdes.

Action du calorique. Soumis à l'action du calorique il fond et se volatilise, car tous les métalloïdes solides fondent et se volatilisent, excepté les trois premiers. Sa fusion a lieu à 107°, et sa volatilisation à 175° : il donne des vapeurs d'un très beau violet.

Propriété essentielle. Comment reconnaître

4.

qu'un corps est de l'iode ? En le vaporisant, il doit donner des vapeurs caractéristiques, car les métalloïdes solides qui ne se combinent pas à l'oxygène libre, se reconnaissent par la couleur des vapeurs qu'ils répandent lorsqu'on les soumet à l'action du calorique. Si le corps était de l'iode, ses vapeurs seraient violacées.

BROME (de Βρωμος, infection.)

Etat. Le brôme est liquide à la température ordinaire. *(Généralités.)*

Couleur. Il est brun foncé lorsqu'il est en masse, rouge hyacinthe en couches minces.

Pesanteur. Il est plus pesant que l'eau, car tous les métalloïdes, etc.

Action de l'eau. Il est l'un des trois métalloïdes solubles dans l'eau.

Saveur. Astrigente, caustique, car les trois métalloïdes solubles ont une saveur astringente, caustique.

Odeur. Piquante, car les trois métalloïdes solubles ont une odeur piquante.

Usage en médecine. Il peut être employé dans les mêmes cas que l'iode, puisqu'il est astringent et volatil comme lui. Appliqué sur la peau il la colore en jaune, et en altère le tissu. Il est évident, qu'à l'intérieur, c'est un poison énergique.

État naturel. Le brôme ne se trouve pas dans la nature, à l'état de pureté, car parmi les métalloïdes qui ne sont pas gazeux, on n'y trouve que le carbone et le phosphore.

A l'état de combinaison, il existe comme l'iode dans les eaux-mères des salines, de la Méditerranée, dans les eaux de la mer, dans les éponges, etc.

Action de l'oxygène. Il ne se combine à *l'oxygène libre*, ni à froid, ni à chaud, car les métalloïdes ne se combinent à l'oxygène libre que jusqu'au sélénium inclusivement. Comme tous les autres métalloïdes, il se combine à l'oxygène naissant.

Action du calorique. Il bout à 47°, et laisse dégager des vapeurs rougeâtres analogues à celles de l'acide hypo-azotique. Il se solidifie à — 20° :

Propriété essentielle. Le brôme seul donne des *vapeurs rougeâtres*, lorsqu'on *élève sa température.* On se rappelle que les métalloïdes non gazeux qui ne se combinent pas à l'oxygène libre, se reconnaissent pas la couleur des vapeurs qu'ils donnent lorsqu'on les soumet à l'action du calorique.

CHLORE (χλωρος, pâle.)

Propriétés physiques. Le chlore est gazeux, jaune verdâtre, soluble dans l'eau, d'une saveur astringente, d'une odeur piquante, suffocante ; non permanent ; il éteint les bougies en ignition, en donnant à la flamme une couleur pâle d'abord, ensuite rouge.

Usages en médecine. Lorsqu'on le respire, mélangé même à beaucoup d'air, il détermine la toux, cause un sentiment de strangulation et de resserrement dans la poitrine et un véritable rhume de cerveau : son action prolongée serait suivie d'un crachement de sang et ne tarderait pas à causer la mort. Comme tous les astringents on peut l'employer à l'extérieur contre la gale, et à l'intérieur contre les diarrhées et les d'yssenteries chroniques qui seraient entretenues par l'atonie de la membrane muqueuse intestinale.

Pesanteur. Comme tous les métalloïdes excepté l'hydrogène et l'azote, il est plus pesant que l'air; aussi peut-on le transvaser comme un liquide.

État naturel. Il n'existe pas à l'état de pureté dans la nature, car il n'y a que le premier et le dernier des corps gazeux qui s'y trouvent. A l'état de combinaison, on l'y trouve dans l'acide hydrochlorique qui souvent se dégage en abondance des volcans, et dans le chlorure de sodium (sel marin.) Ainsi l'iode, le brome et le chlore se trouvent à l'état de combinaison dans les eaux de la mer.

Propriétés chimiques. Soumis à l'action du calorique, il n'est pas décomposé: c'est un corps simple; il est dilaté.

Action de l'oxygène libre. Ce n'est qu'à l'état naissant, que le chlore peut se combiner à l'oxygène libre. (Généralités.)]

Action de l'oxygène naissant. L'oxygène naissant se combine à tous les métalloïdes; donc il se combine au chlore libre : donc ces deux gaz se combinent lorsque l'un des deux est à l'état naissant.

Propriétés essentielles. Ses propriétés physiques le distinguent des autres métalloïdes gazeux; d'ailleurs, mis en contact avec le phosphore à froid, il se combine à lui; il y a dégagement de caloriquc et de lumière , car le chlorure qui se forme est solide.

AZOTE (de α priv. et de ζωη, vie.)

Propriétés physiques. L'azote est gazeux, permanent , incolore , peu soluble dans l'eau , insipide, inodore , car tous les métalloïdes gazeux ont ces propriétés, excepté le chlore.

Pesanteur. Il est plus léger que l'air ; c'est une exception.

État naturel. On le trouve à l'état de pureté dans l'air, car l'air est un *mélange* d'azote, d'oxygène etc.

Propriétés chimiques. Il est dilaté , mais il n'est pas décomposé par le calorique; c'est un corps simple.

Action de l'oxygène. Il se combine à l'*oxygène libre*, lorsque l'un des deux gaz (l'oxygène ou l'azote) est à l'état naissant. (Généralités.)

A l'état naissant. L'oxygène se combine à l'azote, car il se combine à tous les métalloïdes.

Extraction de l'Azote.

L'air est formé d'azote, d'oxygène, de quelques atomes d'acide carbonique et de vapeur d'eau. Si donc on trouvait un moyen d'enlever l'oxygène , l'acide carbonique et la vapeur d'eau , l'azote resterait à l'état de pureté. Or , parmi les corps que nous avons étudiés, il en est plusieurs, le bore, le phosphore, par exemple, qui, à une température élevée , se combinent à l'oxygène , le solidifient, et n'ont presque pas d'affinité pour l'azote. Le phosphore étant moins cher que le bore, on se sert habituellement du premier.

Expérience. On met sur un creuset renversé et placé sur la cuve à eau une quantité de phosphore plus ou moins grande, suivant la quantité d'air qu'on veut priver d'oxygène; on enflamme ce phosphore et on le recouvre d'une cloche pleine d'air : le phosphore dont la température est élevée se combine à l'oxygène de la cloche, et produit de l'acide phosphorique, lequel, attendu l'élévation de température, apparaît sous la forme de vapeurs blanches qui ne tardent pas à se dissoudre.

Le volume d'air de la cloche ayant diminué de la quantité d'oxygène absorbée par le phosphore, l'eau monte, et le phosphore s'éteint.

Si l'on craignait qu'il ne restât encore un peu d'oxygène dans la cloche, et qu'on voulût obtenir l'azote très pur, on pourrait introduire quelques morceaux de phosphore qui l'absorberaient. On serait certain que tout l'oxygène aurait été absorbé, lorsque l'appareil étant dans l'obscurité, le phosphore ne serait plus lumineux, ou lorsqu'il ne se dégagerait plus de vapeurs blanches. (Voy. *l'action de l'oxygène sur le phosphore.*)

Mais voici un inconvénient.

Le phosphore se vaporise abondamment dans l'azote, afin d'enlever la vapeur du phosphore, on fait passer dans la cloche quelques bulles de chlore qui se combinent à lui (le chlore se combine au phosphore à froid) il se forme un chlorure de phosphore. Ce composé lui-même altère l'azote ; on le dissout en introduisant dans la cloche un peu de potasse solide ; on bouche cette cloche et on agite l'eau qu'elle contient, afin que la potasse qui s'y dissout puisse être en contact avec le chlorure de phosphore. La potasse (oxyde de potassium) a d'ailleurs l'avantage de dissoudre aussi l'excès de chlore et de s'emparer de l'acide carbonique de l'air de la cloche. Le gaz qui reste alors est de l'azote parfaitement pur.

SILICIUM.

Propriétés physiques. État. — Comme tous les métalloïdes, excepté les deux premiers et les deux derniers, il est solide, sans éclat métallique.

Couleur. — Il est brun (brun de noisette) ; car tous les métalloïdes solides sont bruns.

Action de l'eau. — Le silicium est insoluble dans l'eau ; car tous les métalloïdes sont insolubles dans l'eau, excepté, etc.

Saveur. — Insipide ; car tous les métalloïdes insolubles dans l'eau sont insipides.

Odeur. — Inodore ; car tous les métalloïdes sont inodores, excepté, etc.

Usages. — Inusité.

Pesanteur. — Plus pesant que l'eau ; car tous les métalloïdes solides sont plus pesans que l'eau.

État naturel. — Il ne se trouve dans la nature qu'à l'état de combinaison ; car, parmi les métalloïdes

(54)

solides, on y trouve à l'état de liberté que le soufre et le charbon.

Propriétés chimiques.—Soumis à l'action du calorique, il est infusible et fixe ; car il est un des trois premiers métalloïdes solides.

Action de l'oxygène libre.—Il ne se combine à l'oxigène libre à aucune température. — *Généralités*.Quelle en est la raison? Le silicium étant infusible ne se met, à aucune température, en contact avec l'oxygène de molécule àmolécule.Il ne peut donc pas se combiner avec lui. Mais ce qui prouve que cependant il a beaucoup d'affinité pour l'oxygène, c'est que, lorsqu'il se combine à ce gaz, ils ne l'abandonne pas à la température la plus élevée.

Action de l'oxygène naissant.—Comme tous les corps simples, le silicium se combine à l'oxygène naissant, et devient acide silicique. Cependant la combinaison n'est sensible que sous l'influence d'un oxyde fort qui s'empare de l'acide silicique à mesure qu'il se produit, probablement parce que, lorsqu'il n'y a pas d'oxyde, il se forme à la surface du silicium une couche très mince d'acide silicique, qui recouvrant le silici um , empêche l'action de l'oxygène sur lui.

Propriété essentielle. — On reconnaîtrait le silicium en le combinant à l'oxygène naissant à une température élevée, sous l'influence d'un oxyde fort : il devrait se former de l'acide silicique.

J'indiquerai plus tard le moyen de faire l'expérience.

COURS DE CHIMIE.

4ᵉ Leçon. 30 Juin 1834.

Oxacides.

On appelle oxacide (acide d'oxygène) tout composé d'oxygène et de corps simple susceptible de s'unir à un alcali ou oxyde de la première section pour faire un sel. Nous verrons ailleurs que cette définition est insignifiante : *aucun composé d'oxygène et de corps simple n'est essentiellement acide, aucun n'est essentiellement oxyde.* Si l'on veut conserver cette dénomination d'acide et d'oxyde, on devra dire : lorsque deux composés chacun d'oxygène et de corps simple se combinent, celui des deux qui contient le plus d'oxygène s'appelle acide : on nomme oxyde celui qui contient le moins d'oxygène.

Tous les métalloïdes se combinent à l'oxygène et forment avec lui un ou plusieurs acides : l'hydrogène seul n'en forme point.

Il existe vingt et un oxacides métalloïdiques : les trois premiers corps simples en font chacun ua ; les deux suivants chacun quatre. Avec cette observation nous savons les noms des onze premiers acides.

Le Bore,	}	en forment chacun un ;	{ Borique,
Le Silicium,	}	donc il y a un acide	{ Silicique,
Le Carbone,	}		{ Carbonique.

Le phosphore et le soufre en forment chacun quatre ; donc il y a un acide.

Phosphorique ,	Sulfurique.
Hypo-phosphorique ;	Hypo-sulfurique.
Phosphoreux ,	Sulfureux.
Hypo-phosphoreux ,	Hypo-sulfureux.

On obtient les noms des dix autres acides en observant que chacun des corps simples, à partir du soufre exclusivement, fait deux acides avec l'oxygène, excepté le brome qui n'en a qu'un et l'azote qui en a trois.

le Sélénium en fait 2			Sélénique.
			Sélénieux.
Iode.	2		Iodique.
			Iodeux.
Brome.	1	donc il existe un acide	Bromique.
Chlore.	2		Chloreux.
			Chlorique.
Azote.	3		Azotique (nitrique).
			Hypo-azotique (nitreux).
			Azoteux (hypo-nitreux).

L'existence de l'acide iodeux est contestée.

Il ne faut pas apprendre de mémoire les noms de ces acides, puisqu'on peut les trouver lorsqu'on sait la quantité d'acides formée par chaque corps simple.

Propriétés physiques des acides.

État. Deux sont gazeux : l'acide carbonique et l'acide sulfureux.

Ces deux acides ne sont pas permanents : par la compression ou par le refroidissement, on peut les rendre liquides.

(3)

Sept sont solides à la température ordinaire ;
les acides :

Borique.	Sulfurique anhydre (sans eau).
Silicique.	Sélénieux.
Phosphorique.	Iodique.
Phosphoreux.	

Pour retenir leurs noms, il peut être utile de
remarquer que chaque corps simple, jusqu'au
brôme, fait un acide solide, et n'en fait qu'un,
excepté le carbone dont l'acide est gazeux, et
le phosphore qui a deux acides solides ; que les
trois premiers de ces acides sont terminés en *ique*,
et les autres alternativement en *eux* et en *ique*.

Tous les autres acides sont liquides ; mais ils
contiennent de l'eau dont, jusqu'ici, on ne parvient à les priver, qu'en les unissant aux bases.
L'acide hypo-azotique seul est liquide par lui-
même.

Deux, l'acide azoteux (hypo-nitreux) et l'a-
cide hypo-sulfureux, n'ont pas encore été isolés :
ils n'existent qu'à l'état de combinaison avec les
oxydes.

Les oxacides solides sont cristallisables.

Couleur. Les oxacides sont incolores, excepté
l'acide hypo - azotique (nitreux) qui est jaune
orangé habituellement ; sa couleur change avec
la température.

Etat naturel. Ils sont des produits de l'art.

Exceptions. Les acides borique, silicique, carbonique, sulfurique et sulfureux, c'est-à-dire

tous les oxacides jusqu'à l'acide sulfureux inclusivement, moins ceux du phosphore et l'acide hypo-sulfurique, existent à *l'état de liberté* dans la nature.

A l'état de combinaison on ne trouve que l'acide le plus oxygéné de chacun des cinq premiers et du dernier des métalloïdes. (Les acides borique, silicique, carbonique, phosphorique, sulfurique et azotique.)

Pesanteur. Tous les oxacides sont plus pesants que l'air.

Les oxacides non gazeux sont plus pesants que l'eau.

Action de l'eau. Tous sont très solubles dans l'eau.

Exception. L'acide borique exige trente-deux parties d'eau pour s'y dissoudre complétement. L'acide silicique ne se dissout que lorsqu'il est réduit en poudre très fine, ou lorsqu'il est à l'état naissant.

Tous, en se dissolvant, élèvent la température de l'eau. Par conséquent, le volume du mélange diminue. Un acide dans l'eau ne doit donc pas être considéré simplement comme dissous dans ce liquide, mais plutôt comme *en état de combinaison* avec lui ; car s'il y avait simple dissolution, les molécules de l'acide seraient seulement intercalées entre celles de l'eau, tandis que, dans leur contact, elles réagissent les unes sur les autres, se rapprochent et s'unissent intimement, ce qui constitue une combinaison.

Cette combinaison d'ailleurs est facile à concevoir, puisque l'eau, comme nous le verrons, est un oxyde (protoxyde d'hydrogène) ; que les acides ont de l'affinité pour les oxydes, et que les acides étant en général très solubles, sont dans les circonstances les plus favorables pour se combiner avec l'eau, puisqu'ils peuvent se mettre en contact avec elle de molécule à molécule.

De là il résulte que les acides liquides, excepté l'acide hypo-azotique, n'ayant point été obtenus sans eau, n'ont réellement jamais été isolés ; de même que l'acide azoteux et l'acide hypo-sulfureux, *ils n'existent qu'à l'état de combinaison avec les oxydes*, c'est-à-dire *à l'état de sels*. L'acide sulfurique hydraté, par exemple, est un sulfate de protoxyde d'hydrogène.

Saveur. Quelle peut être la saveur des acides ?

Je suppose un acide mis en contact avec les tissus de la langue ; il s'empare immédiatement de l'eau qui la recouvre et la pénètre à sa surface ; il se combine à elle ; les tissus privés de l'eau qui les écartait en les ramollissant, se resserrent ; les acides sont donc resserrants, *astringens*.

Si l'acide est fort, c'est-à-dire, s'il a beaucoup d'affinité pour les oxydes, il se combine plus intimement avec l'eau qui est un oxyde ; la contraction est plus considérable, et le dégagement de calorique étant proportionnel à cette contraction, il se produit une sensation de chaleur, puisque les tissus reçoivent tout le calorique qui se dégage. On dit alors que la saveur de l'acide est astringente et brûlante (caustique). Ainsi les acides solubles dans l'eau ont une saveur aigre, astringente, lorsqu'ils sont faibles, caustique, lorsqu'ils sont concentrés.

Usages en médecine. Affaiblis et pris à l'intérieur, les acides sont astringents et tempérants; à l'extérieur ils sont astringents (resserrants); concentrés, ils sont caustiques, ils raccornissent les tissus et les détruisent.

Acides employés. — Excepté l'acide hypo-azotique qui sert à obtenir l'acide sulfurique, on n'emploie généralement dans les arts ou en médecine que ceux des oxacides qui se trouvent dans la nature à l'état de pureté ou l'état de combinaison ; les oxacides produits de l'art sont sans usages à cause de leur prix élevé.

Odeur. Quelles sont les conditions nécessaires pour qu'un corps soit odorant ? Il faut que, placé à distance de l'organe de l'odorat, il puisse se mettre en contact avec lui; qu'il soit gazeux par conséquent, ou qu'il se vaporise : il faut, de plus, qu'il agisse sur les papilles nerveuses immédiatement ou par l'intermédiaire des tissus qui les environnent; et nécessairement il possède cette propriété, lorsqu'il est soluble dans l'eau ou dans la soude (les mucosités contiennent de la soude).

Ainsi, tout corps odorant est par cela même gazeux, ou il se vaporise ; il est soluble dans l'eau ou dans la soude, et par conséquent sapide. Réciproquement, par cela même qu'un corps est gazeux ou qu'il se vaporise, et qu'il est soluble dans l'eau ou dans la soude, il est odorant ; son odeur est piquante au moins (on sait que l'odeur piquante correspond à la saveur astringente), d'autant plus piquante qu'il est plus soluble : elle peut avoir d'autres caractères.

Quels sont les acides odorants ? ceux qui sont gazeux ou qui se vaporisent, car ils sont solubles dans l'eau ; ainsi les acides carbonique et sulfureux sont odorants ; ils ont une odeur piquante ; et celui qui a l'odeur la plus prononcée, l'acide sulfureux, est celui qui est le plus soluble. Les acides formés par les quatre derniers corps simples sont aussi odorants lorsqu'ils sont concentrés ; ils doivent donc répandre des vapeurs : cela est vrai en effet. Vous pouvez observer que trois des corps simples odorants, l'iode, le brôme et le chlore, ont aussi leurs acides odorants.

Action sur l'infusion de tournesol. Tous les oxacides métalloïdiques, excepté l'acide silicique qui n'est soluble que lorsqu'il est réduit en poudre très fine, rougissent l'infusion de tournesol. (*voir* 10ᵉ Leçon, page 14.)

Les oxacides de l'iode, du brôme et du chlore, excepté l'acide chlorique, décolorent l'infusion de tournesol après l'avoir rougie. Plus loin j'expliquerai pourquoi les acides iodique , bromique chloreux et azotique , sont odorants ; et pourquoi les trois premiers décolorent l'infusion de tournesol après l'avoir rougie.

Propriétés chimiques des oxacides.

Action du calorique. Fusion. Les acides solides fondent, excepté l'acide sélénieux qui passe immédiatement de l'état solide à l'état gazeux.

Volatilisation. — Ils se volatilisent, excepté les deux premiers, les acides borique et silicique.

Décomposition. — Les acides phosphoreux et iodique se décomposent en se volatilisant ; car, à partir des acides du phosphore inclusivement, tous se décomposent par le calorique, excepté les acides phosphorique, sulfureux et sélénieux. Il est évident qu'ils se décomposent d'autant plus facilement que leur radical a moins d'affinité pour l'oxygène.

Le calorique s'introduit entre les molécules du métalloïde et celles de l'oxygène ; il les écarte : l'attraction qui les unissait diminue comme leur distance augmente; ou, ce qui est la même chose, à mesure que la température s'élève; tandis que la force répulsive du calorique s'accroît précisément avec la température : il arrive donc nécessairement un terme où l'oxygène qui est gazeux, par l'élévation de température , ayant acquis de la tension , se dégage , et ce terme est atteint d'autant plus promptement, toutes choses égales d'ailleurs, que l'oxygène est moins retenu, c'est-à-dire qu'il a moins d'affinité pour le métalloïde auquel il est uni ; ainsi, l'acide sulfurique ne se décompose qu'à de hautes températures (plus de 300); et, lorsqu'il est chauffé brusquement, si on élevait sa température graduellement, il se volatiliserait sans se décomposer ; tandis que les acides iodique, bromique, chlorique, azotique dont le radical a peu d'affinité pour l'oxygène, se décomposent à des températures peu élevées.

Quels peuvent être les produits de la décomposition de chaque acide soumis à l'action du calorique?

On conçoit que l'acide soumis à l'action du calorique, *perd d'autant plus d'oxygène, que la température est plus élevée*, et par conséquent que les produits de la décomposition des acides qui contiennent différentes proportions d'oxygène, varient avec la température à laquelle on les expose.

Ainsi, l'acide azotique à une certaine température perd une portion d'oxygène et devient acide hypo-azotique; à une température plus élevée, il perd deux portions d'oxygène et devient bioxyde d'azote; si la chaleur agit avec plus d'intensité, il perd trois portions d'oxygène et devient protoxyde d'azote; enfin si la température est suffisamment élevée, la décomposition est complète et on obtient de l'azote et de l'oxygène.

Cependant *lorsque de la déperdition de l'oxy-*

gène, *il résulte un composé gazeux, en général*
cette décomposition n'est pas entière, car le composé gazeux se dégageant dès qu'il est mis à nu,
ne peut être décomposé par l'action du calorique
à laquelle il ne reste pas exposé. Ainsi l'acide azotique soumis à l'action du calorique, n'est ramené
le plus souvent qu'à l'état d'acide hypo-azotique
ou de bi-oxyde d'azote qui étant gazeux se dégagent (l'acide hypo-azotique et gazeux à 25°).

On doit prévoir que les acides sulfurique et sélénique ne perdent qu'une proportion d'oxygène.
Leur décomposition ne saurait être plus complète:
les acides sulfureux et sélénieux qui en résultent
immédiatement étant indécomposables par le calorique.

Action de la pile. Tous les oxacides , excepté
l'acide silicique , ont été décomposés par la pile.
Ils sont décomposés d'autant plus facilement , que
leur métalloïde a moins d'affinité pour l'oxygène.
L'oxygène se porte au pôle vitré , donc il est électro-résineux, par rapport *au radical, bien entendu.*
Considéré isolément, un corps n'est pas plus élec-
tro-vitré qu'il n'est électro-résineux.

Action des métalloïdes sur les oxacides.

Il est utile pour lire avec avantage ce qui suit,
d'avoir présentes à la mémoire les propriétés essentielles des métalloïdes.

Nous avons rangé les corps simples par ordre
d'affinité pour l'oxygène. Le carbone, par exemple,
a plus d'affinité pour l'oxygène que tous les corps

simples qui viennent après lui : donc il enlèverait l'oxygène à tous les corps simples placés après lui ; donc il décompose tous les oxacides formés par les corps simples qui viennent après lui : les acides

Phosphorique ,	Phosphoreux ,	} Phosphore + Oxygène.
Hipo-phosphorique ,	Hipo-phosphoreux ,	
Sulfurique ,	Sulfureux ,	} Soufre + Oxygène.
Hipo-sulfurique,	Hipo-sulfureux ,	
Sélénique ,	Sélénieux , etc.	} Sélénium + Oxygène.

Car ces acides ne sont autre chose qu'un corps simple, plus de l'oxygène ; il s'empare de leur oxygène en totalité ou en partie.

Pourquoi le charbon décompose-t-il tous les acides des métalloïdes qui le suivent? parce qu'ayant plus d'affinité pour l'oxygène que ces métalloïdes , il s'empare de leur oxygène ; mais l'azote, par exemple, a moins d'affinité pour l'oxygène que tous les corps simples qui le précèdent ; donc ses acides seront décomposés non-seulement par le charbon , mais encore par le phosphore , le soufre , le sélénium, l'iode, etc. ; et en général *tout acide est décomposé par les métalloïdes qui précèdent son radical dans l'ordre d'affinité pour l'oxygène.*

Quels sont les produits de la décomposition d'un oxacide par un métalloïde.

Si l'on traite l'acide sulfurique, par exemple, (soufre+oxygène) par le charbon à une température élevée, le charbon ayant plus d'affinité pour l'oxygène que le soufre , enlève de l'oxygène au soufre : il se forme de l'acide carbonique et de l'acide sulfureux. Lorsque l'acide sulfurique est ramené à l'état d'acide sulfureux, ce dernier acide reste-t-il en contact avec le charbon? non ; puisqu'il est gazeux, il se dégage. Cet acide sulfureux, parce qu'il est gazeux, ne reste point en contact avec le charbon, par conséquent il n'est point décomposé par lui. *Donc, lorsque de la soustraction de l'oxygène, il résulte un composé gazeux, la décomposition, en général, n'est pas complète, parce que le composé gazeux ne restant point en contact avec le corps décomposant, ne peut être décomposé par lui.*

Mais, supposez que l'acide sulfureux provenant de la décomposition de l'acide sulfurique par le charbon, ait à traverser une grande quantité de charbon, sera-t-il décomposé si la température est suffisamment élevée? il le sera nécessairement : le charbon ayant plus d'affinité pour l'oxygène que le soufre, doit pouvoir enlever *tout* l'oxygène au soufre.

Par conséquent, *si la température est très élevée, ou si l'appareil est disposé de manière à ce que le composé gazeux ait à traverser une grande quantité du corps décomposant, la décomposition est complète.*

Il est évident, d'après ce qui vient d'être dit, *que toutes les fois qu'il ne résulte pas de la décomposition d'un acide un composé gazeux, tout l'oxygène est pris au radical de cet acide par le corps décomposant et la décomposition est complète.*

(13)

Application. Voulez-vous maintenant reconnaître le radical d'un acide? chauffez cet acide avec
du charbon. Donne-t-il du phosphore ou du gaz
hydrogène phosphoré? c'est un des acides du
phosphore : nous ne savons pas encore lequel;
bientôt nous les distinguerons.

Les trois derniers acides du phosphore contiennent de l'eau qui est décomposée lorsqu'on les
chauffe; de là le dégagement d'hydrogène phosphoré.

Reste-t-il du soufre? se dégage-t-il de l'acide
sulfureux? c'est un des acides du soufre.

S'est-il dégagé des vapeurs ayant odeur de
chou pourri? c'est de l'acide sélénieux ou de l'a-
cide sélénique. S'il était solide? c'était de l'acide
sélénieux.

L'acide répand-il des vapeurs *violacées*? le radical est de l'iode qui se volatilise, privé de son
oxygène dont le charbon s'est emparé; l'acide
était l'acide iodique : vous vous rappelez que
l'existence de l'acide iodeux n'est pas démontrée.

Un acide laisse dégager des vapeurs rougeâtres lorsqu'on le traite par le charbon; son radical est du brôme. Ce métalloïde ne forme qu'un
acide avec l'oxygène; l'acide à reconnaître est
nécessairement de l'acide bromique.

S'il se répand une odeur forte de chlore, c'est
un acide chloreux ou chlorique; des vapeurs jaunes orangées, c'est de l'acide azotique qui perd
de l'oxygène et devient acide hypo-azotique.

L'acide hypo-azotique répandrait bien aussi des vapeurs jaunes orangées, mais il les dégage à la température ordinaire, ce que ne fait pas l'acide azotique.

On se rappelle que pour reconnaître le bore, le silicium, le carbone, on les convertit en acide borique, silicique, carbonique; ce serait par conséquent faire un cercle vicieux que chercher à reconnaître les acides borique, silicique et carbonique en obtenant le métalloïde de chacun d'eux.

Ainsi, *lorsqu'un oxacide métalloïdique n'a pas pour radical le bore, le silicium ou le carbone, l'on peut constater la nature de son radical en traitant à une température plus ou moins élevée cet oxacide par l'un des métalloïdes que l'on présume précéder ce radical dans l'ordre d'affinité pour l'oxygène.* Le plus souvent on se sert du charbon, parce qu'il est moins cher que les autres métalloïdes, et que d'ailleurs il a plus d'affinité pour l'oxygène que la plupart d'entre eux.

Action des oxacides sur les oxacides.

Action réciproque des acides qui peuvent être fondus sans se volatiliser ni se décomposer. Il a été posé en principe, que les acides ont de l'affinité pour les oxydes, que les affinités s'exercent de molécule à molécule, et par conséquent lorsque les corps sont en contact très divisés ; que lorsque deux composés chacun d'oxygène et de corps simple, acides ou oxydes, sont mélangés, celui des deux qui contient le plus d'oxygène est un asicide par rapport à l'autre ; et réciproquement, celui qui contient le moins d'oxygène est un oxyde relativement à l'autre : de là il résulte que lorsque deux acides peuvent être fondus ensemble, *ils se combinent et forment un sel*, car ils sont en contact très divisés, et l'un des deux est un oxyde par rapport à l'autre ; ainsi les acides borique, silicique, phosphorique fondus, se combinent un à un.

Action de l'acide sulfureux sur les oxacides. Tous les acides des corps simples rangés après le soufre, sont décomposés par le soufre : l'expérience prouve qu'ils le sont même par l'acide sulfureux qui, par conséquent, a plus d'affinité pour l'oxygène que les métalloïdes qui viennent après le soufre : *cet acide enlève leur oxygène, devient acide sulfurique et met à nu le corps simple.*

Exceptions. Les acides sélénique, chlorique (chlorique oxygéné), azotique, ne sont pas décomposés par l'acide sulfureux ; *de là un moyen de distinguer l'un de l'autre les acides sélénieux et sélénique, chloreux et chlorique.*

Nous avons dit qu'en général l'affinité d'un corps simple pour l'oxygène, diminue à mesure que la quantité de l'oxygène auquel il est combiné, augmente. Or, puisque dans les acides sélénique, chlorique, azotique, le sélénium, le chlore et l'azote ont à retenir une plus grande quantité d'oxygène que dans les acides sélénieux, chloreux et hypo-azotique, ils doivent nécessairement abandonner avec plus de facilité de l'oxygène.

Comment donc expliquer que les acides sélénique, chlorique et azotique ne sont pas décomposés par l'acide sulfureux, bien qu'ils doivent
céder plus facilement leur oxygène que les acides
sélénieux, chloreux et hypo-azotique qui sont décomposés?

C'est que les acides sélénique, chlorique et azotique avec lesquels on met l'acide en contact, ont
une très-grande affinité pour l'eau ; qu'ils sont
combinés avec elle ; que par conséquent on ne
doit point les considérer comme des acides libres,
mais comme des acides fixés par des oxydes, ou,
ce qui revient au même, comme des sels.

Ainsi, l'acide sélénique est, avec l'acide sulfurique, celui des oxacides qui, mélangé avec l'eau
(protoxyde d'hydrogène), dégage le plus de calorique, et par conséquent éprouve la concentration la plus grande, la combinaison la plus intime. Comme tous les oxacides liquides, excepté
l'acide hypo-azotique, les acides chlorique et
azotique n'existent point sans eau ; et il est si vrai
que c'est l'eau qui les fixe, que si l'on cherche à en
priver l'acide azotique, par exemple, en le mettant
en contact avec l'acide sulfurique concentré qui,
plus fort que lui, s'en empare, il se décompose
immédiatement en oxygène et en acide hypo-
azotique jaune orangé. Mais si cet acide se décompose immédiatement, dès qu'il n'est plus fixé par
le protoxyde d'hydrogène, à plus forte raison
serait-il décomposé par l'acide sulfureux.

Il est donc démontré que, si cet acide ne décompose pas les acides désignés, c'est qu'ils ne sont pas libres, mais à l'état des sels, et que le protoxyde d'hydrogène auquel ils sont combinés, les fixe.

L'action de l'acide sulfureux sur les oxacides est très importante : cet acide fournit un moyen de distinguer les uns des autres les oxacides des métalloïdes placés après le soufre, excepté ceux de l'azote.

Action des acides hypo-phosphoreux, phosphoreux, hypo-phosphorique. Ces trois acides ayant plus d'affinité pour l'oxygène que l'acide *sulfureux* (voir la 5ᵉ leçon, page 20, 4ᵉ alinéa), décomposent tous les oxacides placés après le soufre, sans excepter l'acide sélénique, l'acide chlorique et l'acide azotique ; cependant on les emploie rarement, parce que ne se trouvant dans la nature ni à l'état de liberté, ni à l'état de combinaison, ils sont assez chers.

Propriétés essentielles des oxacides placés après l'acide sulfureux.

Comment constater qu'un acide est de l'acide sélénique ? Si on savait que l'acide à reconnaître est un acide de sélénium, et que ce n'est pas de l'acide sélénieux, il serait démontré que c'est de l'acide sélénique. Or, nous pouvons voir si un acide a pour radical le sélénium, puisque nous savons le moyen de reconnaître le métalloïde d'un oxacide. Nous pouvons aussi distinguer l'acide

2.

sélénieux de l'acide sélénique, l'acide sulfureux agissant d'une manière différente sur ces deux acides. Nous avons donc tous les éléments de la solution du problème proposé.

L'acide à reconnaître répand l'odeur de chou pourri, lorsqu'on le traite à chaud par le charbon. Qu'en conclure? que cet acide, en perdant de l'oxygène, devient oxyde de sélénium ; *donc c'est un acide de sélénium* (l'oxyde de sélénium, seul des composés qui ne répand point de vapeur à l'air, à l'odeur de chou pourri). Cet acide n'est pas décomposé par l'acide sulfureux: *c'est de l'acide sélénique*, car l'acide sélénieux serait décomposé.

Veut-on reconnaître *l'acide sélénieux*? on le fait dissoudre dans l'eau, ou on le réduit en poudre afin qu'il soit en contact de molécule à molécule avec l'acide par lequel on le traite. On verse sur lui de l'acide sulfureux liquide (l'acide sulfureux s'emploie presque toujours dissous dans l'eau.) Si dans l'expérience, l'acide sulfureux devient acide sulfurique, on en conclut que l'acide avec lequel on l'avait mélangé contenait de l'oxygène ; il fallait bien qu'il en contînt, puisque l'acide sulfureux lui en a pris. S'il précipite un corps qui, soumis à l'action du calorique, donne des vapeurs ayant odeur *de chou pourri*, ce corps est nécessairement du sélénium: l'acide à reconnaître était donc formé d'oxygène et de sélénium. Ce n'était pas de l'acide sélénique, car il n'aurait pas été décomposé par l'acide sulfureux; donc c'était de l'acide sélénieux.

Un acide traité par l'acide sulfureux précipite un corps qui, soumis à l'action du calorique, donne des vapeurs violacées ; ce corps est de l'iode, et l'acide à reconnaître est un acide d'iode. L'acide sulfureux dont on s'est servi est devenu acide sulfurique ; l'acide d'iode avec lequel cet acide sulfureux avait été mélangé contenait donc de l'oxygène, puisque l'acide sulfureux en a gagné ; il était donc formé d'oxygène et d'iode ; l'acide iodeux n'existe point ; donc c'était l'acide iodique.

L'acide bromique traité par l'acide sulfureux, laisserait dégager des vapeurs rougeâtres, sur-tout si l'on élevait un peu la température ; l'*acide chloreux*, du chlore reconnaissable à son odeur et à la couleur verdâtre qu'il donnerait à la dissolution ; l'acide sulfureux dont on se serait servi deviendrait acide sulfurique.

En résumé, le problème à résoudre pour constater la nature d'un acide, se compose de deux parties : distinguer le radical d'un acide, dire lequel des acides de ce radical. On obtient ces deux résultats au moyen de l'acide sulfureux, lorsqu'il décompose l'acide à reconnaître. Lorsqu'il ne le décompose pas, et que cependant l'acide est placé après le soufre, c'est-à-dire lorsque cet acide est de l'acide sélénique ou de l'acide chlorique, on en reconnaît le radical par le charbon ou par un autre métalloïde ayant plus d'affinité pour l'oxygène que le sélénium ou que le chlore, et l'on distingue lequel des acides de sélénium, ou lequel des acides de chlore par l'acide sulfureux.

Propriété essentielle de l'acide azotique. Seul de tous les acides il répand des vapeurs jaunes orangées, lorsqu'on le traite par un des métalloïdes qui précèdent l'azote.

Propriété essentielle de l'acide hypo-azotique. Seul de tous les acides, il est jaune orangé à la température de 25.　　　　　　—

Propriétés essentielles des oxacides placés avant l'acide sulfureux.

L'acide borique, seul de tous les acides, communique à l'alcool, dans lequel il se dissout, la propriété de brûler avec une *flamme verte*.

Seul de tous les acides, l'*acide silicique* ne se dissout dans l'eau que lorsqu'il est réduit en poudre très fine, ou lorsqu'il est à l'état naissant.

Comme il est commode de pouvoir reconnaître un acide en versant sur lui un réactif, sans être obligé d'employer de hautes températures, on a cherché aux acides phosphorique et sulfurique une propriété essentielle autre que celle qu'on obtient par le charbon ou par l'hydrogène : on ne se sert jamais du bore ; ce métalloïde est d'un prix trop élevé.

Propriété essentielle de l'acide sulfurique. L'acide, sulfurique seul de tous les acides, donne avec l'eau de baryte (protoxyde de baryum dissous dans l'eau), un précipité blanc (de sulfate de baryte), insoluble dans l'eau et dans l'acide azotique.

Je vais exposer quelques faits dont nous aurons besoin. Tous les sels à base de potasse (oxyde

de potassium), de soude (oxyde de sodium),
et d'ammoniaque , sont solubles dans l'eau.

Tous les sous-carbonates sont insolubles dans
l'eau , *excepté ceux de potasse , de soude et d'ammoniaque* , et solubles dans un excès d'acide carbonique.

Tous les phosphates sont insolubles dans l'eau,
excepté ceux de potasse , de soude et d'ammoniaque, et solubles dans un excès d'acide phosphorique.

*Propriété essentielle des acides carbonique et
phosphorique.* Ces acides donnent , avec l'eau de
chaux (oxyde calcium dissous), un précipité blanc
de carbonate ou de phosphate de chaux , insoluble dans l'eau , et soluble dans un excès d'acide
carbonique , si c'est un carbonate ; soluble dans
un excès d'acide phosphorique, si c'est un phosphate : il est évident qu'au lieu de se servir d'eau
de chaux , on peut prendre l'eau de strontiane ,
de baryte, d'une base quelconque, pourvu qu'elle
ne soit pas de la potasse , de la soude ou de l'ammoniaque, car il n'y aurait pas précipité.

Il existe beaucoup d'acides qui précipitent les
eaux de chaux , de strontiane et de baryte ; mais
les précipités sont insolubles dans l'acide carbonique en excès. Cet acide ne dissout que les sels
qu'il forme. Si par conséquent un acide donne ,
avec l'eau de chaux , un précipité blanc insoluble
dans l'eau, soluble dans l'acide carbonique, le
précipité est un carbonate de chaux : l'acide qui
l'a donné est de l'acide carbonique.

Autre propriété essentielle de l'acide carbonique.
Il est gazeux et incolore ; il éteint les corps enflam-
més , et n'a pas l'odeur d'allumettes qui brûlent à
l'air.

Propriétés distinctives des acides de phosphore.

Traité par le charbon à une température élevée, l'acide phosphorique lui cède son oxygène,
et on obtient du phosphore. Cet acide ne laisse
pas dégager du gaz hydrogène phosphoré lorsqu'on le chauffe à l'air ; il se volatilise sans se
décomposer.

Les acides hypo-phosphorique, phosphoreux et
hypo-phosphoreux chauffés à l'air, laissent dégager du gaz hydrogène per - phosphoré qu'on
reconnaît parce qu'il s'enflamme immédiatement;
il brûle avec une flamme jaune, en répandant une
odeur alliacée. Le gaz hydrogène per-phospho-
ré s'enflamme à l'air, parce que l'oxygène de l'air
se combine avec son hydrogène, et forme un *li-*
quide (de l'eau), avec son phosphore, et forme
de l'acide phosphorique *solide* ; dans les deux combinaisons, il y a très grande diminution du volume des éléments ; de là, dégagement de calorique et de lumière, ou combustion.

Lorsque les acides hypo-phosphorique, phosphoreux, hypo -phosphoreux sont chauffés à
vase clos, il se produit du gaz hydrogène proto-
phosphoré qui alors ne s'enflamme pas, et il
reste de l'acide phosphorique. D'où il résulte
qu'une partie de ces acides se décompose en

phosphore et en oxygène qui se combine à la portion d'acide non décomposée, et contribue à la faire passer à l'état d'acide phosphorique; le phosphore séparé s'unit à de l'hydrogène et produit du gaz hydrogène proto-phosphoré.

Explication. On ne peut expliquer comment ces acides auraient acquis de l'oxygène et de l'hydrogène, sans être obligé d'admettre qu'ils contenaient de l'eau qui a été décomposée et dont l'oxygène s'est combiné à une portion de l'acide non décomposé, et a concouru à la transformer en acide phosphorique; son hydrogène s'est combiné à du phosphore mis à nu, et a donné naissance à du gaz hydrogène proto-phosphoré.

On distingue les acides hypo-phosphorique, phosphoreux, hypo-phosphoreux les uns des autres, par le sulfate rouge de tritoxyde de manganèse; ce tritosel est rouge, parce que le tritoxyde de manganèse réduit en poudre très fine est rouge, et que les sels en général ont la couleur de leur oxyde. Le protoxyde de manganèse est blanc : si par conséquent on enlève de l'oxygène au tritoxyde, par le calorique, ou par un moyen quelconque, jusqu'à le ramener à l'état de protoxyde, il devient blanc, on le décolore; si lorsqu'il perd de l'oxygène, il est combiné à l'acide sulfurique, on obtient un proto-sulfate de manganèse blanc : ainsi les corps qui auront assez d'affinité pour l'oxygène pour faire passer le tritosulfate rouge de manganèse à l'état de proto-sulfate, le décoloreront; les trois acides que nous

cherchons à reconnaître sont dans ce cas ; en outre, chacun d'eux le décolore à une température
différente, ce qui sert à les distinguer.

Quel est celui des trois acides hypo-phosphorique, phosphoreux, hypo-phosphoreux qui dé-
colorera le plus facilement, c'est-à-dire à la température la plus basse, le trito-sulfate de manganèse? celui qui a le plus d'affinité pour l'oxygène,
car il a le moins besoin du concours du calorique.
Quel est celui qui a le plus d'affinité pour l'oxygène ? celui qui est le plus loin d'en être saturé,
l'acide hypo-phosphoreux.

Cet acide décolore le trito-sulfate rouge de
manganèse à la température ordinaire ; l'acide
phosphoreux le décolore vers 5o , l'acide hypo-
phosphorique à 1oo. L'acide phosphoreux est solide, les deux autres sont liquides. Ces caractères
ne sont pas encore bien tranchés ; nous en aurons
d'autres par la suite. Au reste, ces acides ne sont
employés ni dans les arts ni en médecine.

Caractères distinctifs des acides du soufre.

L'acide sulfurique seul donne, avec l'eau de baryte, un précipité blanc de sulfate de baryte insoluble dans l'eau et dans l'acide azotique.

L'acide hypo-sulfurique est inodore, et chauffé
à une température peu élevée (de 5o à 6o), il
laisse dégager de l'acide sulfureux ; il perd par
conséquent une portion d'oxygène (1) l'acide sul-

---

(1) Nous verrons en étudiant en particulier l'acide hypo-sulfurique,
ce que devient cet oxygène.

furique soumis à l'action du calorique peut bien aussi se décomposer en acide sulfureux et en oxygène, mais ce n'est qu'à une température de 3oo, et seulement dans le cas où il ne serait pas chauffé graduellement. Il est impossible de confondre ces deux acides.

L'acide sulfureux, seul des trois acides du soufre, est gazeux et reconnaissable à son odeur. Vous vous rappelez que l'acide hypo-sulfureux n'est pas obtenu : nous n'avons point à le distinguer.

Force des acides. L'acide sulfurique et l'acide sélénique ont plus d'affinité pour les bases que tous les autres acides : on dit qu'ils sont plus forts qu'eux. Les acides azotique et hydrochlorique sont plus forts que tous les acides, excepté l'acide sulfurique et l'acide sélénique. Ce dernier acide ne s'emploie presque jamais, à cause de son prix élevé.

Extraction des acides.

Qu'arrivera-t-il si l'on traite par l'acide sulfurique un sel quelconque dissous, pourvu que ce ne soit pas un sulfate, un carbonate, par exemple? l'acide sulfurique plus fort que l'acide carbonique puisqu'il est plus fort que tous les acides, déplace cet acide en s'emparant de sa base, et l'acide carbonique mis à nu se dégage, car il est gazeux.

Voilà donc un moyen d'obtenir tous les acides, excepté toutefois l'acide sulfurique : l'acide sul-

furique n'est pas plus fort que l'acide sulfurique.
Il ne peut pas le déplacer.

Vous voulez extraire un acide : *prenez un des
sels de cet acide, faites-le dissoudre dans l'eau ;
traitez par un acide plus fort , il s'empare de la
base du sel dissous : l'acide que vous voulez avoir
est mis à nu.* Est-ce l'acide hydro-chlorique qu'il
vous plaît d'obtenir ? prenez un hydro-chlorate ;
l'hydro-chlorate de soude , par exemple; faites-le
dissoudre et versez dessus un acide plus fort.
Quel est l'acide plus fort que l'acide hydro-chlorique ? l'acide sulfurique ; versez l'acide sulfurique, il s'empare de la soude et met à nu l'acide
hydro-chlorique ; cet acide est gazeux; il se dégage : il est très soluble dans l'eau; faites-le arriver sur du mercure, où vous l'obtiendrez en dissolution. Vous savez donc obtenir non-seulement
les oxacides, mais les hydracides, tous les acides.

Il y aura une seule précaution à prendre. Le
sel qu'on traite par un acide plus fort doit être
dissous ; ce n'est qu'autant que les molécules de
l'acide décomposant se trouvent en contact avec
les molécules du sel, qu'il peut y avoir décomposition ; *les affinités ne s'exercent qu'à des distances
excessivement petites, de molécule à molécule ,*
et il n'y aurait pas action de molécule à molécule si le sel et l'acide n'étaient pas dissous et
mélangés.

Je suppose que nous avons un sel en solution
dans l'eau ; nous voulons obtenir son acide : si

l'acide de ce sel est peu soluble , lorsqu'il va être séparé, il précipitera ; si le sel formé avec sa base par l'acide décomposant est lui-même peu soluble, il précipitera aussi ; ils seront mélangés ; et bien que l'acide obtenu ne soit plus à l'état de combinaison , il n'en sera pas moins fort difficile de l'isoler : qu'aurait-il fallu pour que l'acide qu'on veut obtenir et le sel formé eussent été isolés ? que l'un eût précipité, et que l'autre fût resté en dissolution ?

Alors , si l'acide que vous voulez avoir est peu soluble, faites avec sa base un sel très soluble ; ce sel reste en dissolution , l'acide précipite seul.

Si au contraire l'acide que vous voulez avoir est très soluble, formez avec sa base un sel insoluble , afin qu'il précipite : l'acide très soluble restera seul en dissolution. Filtrez : l'acide dissous passe à travers le filtre : le sel est arrêté. Vous convient-il de concentrer l'acide obtenu ? faites évaporer une portion de l'eau qui l'affaiblit.

Extraction d'un acide gazeux. Voici un sous-carbonate de chaux réduit en bouillie ; on ne l'a pas dissous, il est insoluble : comment obtenir son acide ? L'acide carbonique est très soluble (vous vous souvenez que tous les oxacides métalloïdiques sont très solubles, excepté l'acide borique et l'acide silicique) ; d'après notre premier principe, nous devrions faire avec la base de ce carbonate un sel insoluble qui précipiterait ; l'acide carbonique très soluble ne précipiterait pas :

le sulfate de chaux est insoluble; nous pourrions traiter par l'acide sulfurique ; mais voici ce qui arriverait : l'acide sulfurique attaque d'abord extérieurement le carbonate de chaux, s'empare d'une partie de sa base ; il y a dégagement d'acide carbonique pendant quelques instants ; bientôt il s'est formé, à la surface du sel, une croûte de sulfate de chaux insoluble qui protége le centre où il reste du carbonate de chaux, sur lequel l'acide sulfurique ne peut agir ; la décomposition est très incomplète : on perd une quantité d'acide carbonique proportionnelle à la quantité de chaux dont l'acide sulfurique ne s'est pas emparé.

Pourquoi avions-nous formé un sel insoluble avec la chaux? afin qu'il précipitât, et ne fût pas mélangé à l'acide carbonique très soluble ; mais l'acide carbonique est gazeux, il ne reste pas en dissolution à moins qu'il n'y ait une très grande quantité d'eau (et alors on en vaporiserait une partie); il se dégage, sur-tout si la température s'élève un peu pendant l'expérience : nous pouvons donc faire un sel soluble ; l'acide gazeux ne s'échappera pas moins, et la décomposition sera entière. *Si donc l'acide qu'on veut obtenir est gazeux, il y aura de l'avantage à faire avec sa base un sel soluble;* on aura toutefois la précaution de prendre un volume d'eau extrêmement petit par rapport à celui du gaz qui doit se dégager.

Les acides azotique et hydrochlorique font avec les bases, des sels très solubles : nous traiterons par l'acide azotique ou par l'acide hydrochlorique, lorsque nous voudrons avoir un sel soluble.

Extraction d'un acide insoluble ou peu soluble. Je suppose qu'on veuille obtenir de l'acide borique: on prend un sel qui le contienne, un borate, le borate de soude par exemple (on choisit de préférence le sel le plus commun); on le fait dissoudre dans l'eau. L'acide borique est peu soluble; lorsqu'il sera séparé, il précipitera; alors on fait avec sa base un sel très soluble, on traite par l'acide azotique ou par l'acide hydrochlorique; il se forme nn azotate ou un hydrochlorate de soude qui reste en dissolution; l'acide borique mis à nu précipite. On filtre : l'acide borique est arrêté par le filtre ; le sel dissous passe à travers. Veut-on reconnaître que l'acide obtenu est de l'acide borique ? on le fait dissoudre dans l'alcool; le mélange doit brûler avec une flamme verte.

Qu'arrive-t-il lorsque l'on met en contact à une température élevée le bore et l'oxygène, le carbone et l'oxygène? ils se combinent et l'on obtient de l'acide borique ou de l'acide carbonique, etc. (Généralités, 2e leçon.)

Lorsque l'on met du chlore en contact avec de l'oxygène naissant, on obtient tous les composés d'oxygène et de chlore, si l'on gradue convenablement les quantités d'oxygène ou de chlore.

On pourrait donc obtenir *directement* tous les oxacides, en combinant leur radical avec l'oxygène libre lorsque ce radical peut absorber l'oxygène libre, en le combinant avec l'oxygène naissant, lorsqu'il ne peut absorber l'oxygène libre jusqu'à son plus haut degré d'oxydation, ou lorsqu'il ne l'absorbe pas du tout. (On verra page 41, à l'extraction de l'acide sélénieux, comment on se procure de l'oxygène naissant).

Subtances dont on se sert le plus souvent pour obtenir les oxacides.

On obtient par acide plus fort et sels de potasse ou de soude	Les deux premiers et les deux derniers oxacides, les acides borique et sélénique, azotique et hypoazotique.
Par métalloïde et *oxygène libre*	L'acide phosphorique anhydre, l'acide sulfureux et l'acide hypophosphorique.
Par métalloïde et *oxygène naissant* fourni par l'acide hypo-azotique	L'acide sulfurique.
Par métalloïde et oxygène naissant fourni par l'acide azotique.	L'acide sélénieux et l'acide iodique ; on obtiendrait tout aussi bien l'acide sélénieux par l'oxygène libre.

Tous les autres acides étant très solubles, s'obtiennent de leurs sels à base de baryte, traités par un acide plus fort que celui du sel employé. *Exceptions.* L'acide carbonique s'extrait le plus souvent d'un *carbonate de chaux,* l'acide sélénique d'un séléniate de plomb, et l'acide chlorique d'un chlorate de potasse.

Observations. En général, les sels qui ont pour base un oxyde métallique sont fixes ; les acides au contraire sont volatils ; de là il résulte que lorsque l'acide d'un sel étant très soluble, on a néammoins traité ce sel par un acide qui fait un sel soluble avec sa base, on peut séparer l'acide que l'on veut avoir, du sel formé, avec lequel il reste en dissolution, en élevant la température jusqu'à ce que l'acide à obtenir se volatilise ; le sel formé étant fixé, reste seul dans la cornue où le mélange a été chauffé.

On conçoit que lorsque l'acide que l'on veut obtenir *est facile à décomposer*, il faut toujours avoir soin d'affaiblir par de l'eau l'acide plus fort par lequel on traite, afin qu'en se combinant avec l'eau de la dissolution, il ne détermine pas une élévation de température capable de décomposer l'acide que l'on se propose d'obtenir.

ERRATA.

5ᵉ Leçon.

Page 68, ligne 1ᵒ, au lieu de *bi-oxyde*, lisez : *trioxyde*.
Page 70, ligne 3, en commençant par le bas de la page, au lieu de *et l'acide azotique*, lisez : *et l'acide hypo-azotique*.

COURS DE CHIMIE.

—

5ᵉ Leçon. 2 Juillet 1834.

———

Composés d'oxygène et de bore.

ACIDE BORIQUE.

État. L'acide borique est solide (*Généralités*); il est cristallisable; car tous les oxacides solides sont cristallisables.

Couleur. Il est sans couleur; car tous les oxacides sont incolores, excepté l'acide hypo-azotique.

Pesanteur. Il est plus pesant que l'eau; car tous les oxacides non gazeux sont plus pesants que l'eau.

État naturel. Il se trouve dans la nature libre et combiné; car tous les oxacides, jusqu'à l'acide sulfurique inclusivement (excepté les acides du phosphore), se trouvent dans la nature libres et combinés. A l'état d'acide borique, on le trouve en dissolution dans les eaux de quelques lacs de Toscane.

Action de l'eau. Il est soluble dans l'eau; car tous les oxacides métalloïdiques sont solubles dans

Vᵉ LEÇON.   1

l'eau. Il est peu soluble ; car les deux premiers acides métalloïdiques sont peu solubles. Pour le dissoudre, il faut 32 parties d'eau.

Saveur. Il a une saveur aigre ; car tous les acides solubles ont une saveur aigre : cette saveur est faible, puisqu'il est peu soluble.

Odeur. Il est inodore ; car tous les oxacides non gazeux sont inodores, excepté ceux qui sont formés par les quatre derniers corps simples.

Usages. En médecine, il n'est pas employé. Il agirait comme astringent, puisqu'il a une saveur astringente.

Dans les arts, on l'emploie pour faire la plupart des borates. L'acide borique naturel sert à vernisser quelques poteries.

Action sur l'infusion de tournesol. Comme tous les oxacides métalloïdiques, excepté l'acide silicique, il rougit l'infusion de tournesol.

Action du calorique. Soumis à l'action du calorique, il fond ; car tous les oxacides métalloïdiques fondent, excepté l'acide sélénieux. Il se vitrifie, car les deux premiers oxacides, en fondant, se vitrifient ; il forme un verre incolore et transparent. Il ne se volatilise point ; car les acides borique et silicique sont fixes. Il n'est pas décomposé par le calorique ; car les premiers oxacides, jusqu'à l'acide phosphorique inclusivement, ne sont pas décomposés par le calorique.

Bien que l'acide borique ne soit pas volatil, si on le chauffe lorsqu'il est en dissolution dans l'eau, il est entraîné en partie par l'eau qui se volatilise.

En général, toutes les fois qu'un liquide se volatilise en contact avec un corps très divisé, il en entraîne une quantité plus ou moins grande.

Action de la pile. L'acide borique est décomposé par la pile ; car tous les oxacides, excepté l'acide silicique, sont décomposés par son action. Il n'est décomposé qu'en partie.

Action des métalloïdes. Les métalloïdes, excepté l'hydrogène, ont moins d'affinité pour l'oxygène que le bore. (*Voir l'ordre d'affinité des métalloïdes pour l'oxygène*). Donc ils n'enlèveront pas l'oxygène au bore ; donc l'acide borique est indécomposable par les métalloïdes, l'hydrogène excepté.

En effet, si réellement l'hydrogène a plus d'affinité pour l'oxygène que le bore, il doit enlever l'oxygène au bore, et par conséquent décomposer l'acide borique. On n'a pas tenté l'expérience.

Action de l'acide sulfureux. L'acide borique n'est pas décomposé par l'acide sulfureux ; car celui-ci ne décompose que les oxacides dont le radical est placé après le soufre.

Propriété essentielle. L'acide borique se dissout dans l'alcool, et lui communique la propriété de brûler avec une flamme verte. (*Généralités.*)

Extraction. On l'obtient ordinairement du borate de soude, très commun dans la nature. (*Voir les Généralités.*) On peut encore obtenir l'acide borique pur en séparant l'acide borique naturel des matières étrangères qu'il contient. Pour arriver à ce résultat, comme cet acide est peu soluble dans l'eau à froid, on le fait dissoudre dans l'eau bouillante ; on filtre cette dissolution bouillante: les matières étrangères, qui sont terreuses étant insolubles, restent sur le filtre ; l'acide borique passe à travers, et cristallise par le refroidissement et par l'évaporation de l'eau qui écarte ses molécules.

Composés d'oxygène et de silicium.

ACIDE SILICIQUE.

On le nomme encore silice, parce qu'il entre dans la composition du silex ou caillou ; terre vitrifiable, parce qu'il fait partie du verre.

État. L'acide silicique est solide (*Généralités*), rude au toucher.

Couleur. Il est incolore ; car tous les oxacides métalloïdiques sont incolores, excepté l'acide hypo-azotique.

Pesanteur. Il est plus pesant que l'eau ; car tous les oxacides métalloïdiques non gazeux sont plus pesants que l'eau.

État naturel. Il existe dans la nature *à l'état de pureté*; car tous les oxacides métalloïdiques, jusqu'à l'acide sulfureux, excepté les acides du phosphore, existent à l'état de pureté dans la nature. On y trouve l'acide silicique en grande quantité. Le cristal de roche n'est autre chose que l'acide silicique pur. Mêlé à 2 ou 3 centièmes de matières étrangères, il constitue les sables et les grès blancs, le silex , la pierre meulière des environs de Paris, l'agate, etc.

On le trouve encore *à l'état de combinaison*; car les quatre premiers et le dernier des oxacides se trouvent dans la nature à l'état de combinaison. Il existe dans certaines eaux minérales , tenu en dissolution sur-tout par la potasse et la soude réunies ou séparées. Combiné à un oxyde, et par conséquent à l'état de silicate, il fait partie de toutes les pierres dures, excepté du diamant, du saphir et du spinelle.

Action de l'eau. Il ne se dissout que lorsqu'il est très divisé, et sur-tout à l'état naissant.

Saveur. Insipide ; puisqu'il est insoluble.

Odeur. Inodore; car tous les oxacides non gazeux sont inodores, excepté ceux qui sont formés par les quatre derniers corps simples.

Usages. Ses usages sont ceux du sable , du grès. Combiné à l'oxyde d'aluminium, il forme les poteries, depuis la brique jusqu'à la porcelaine. Combiné au protoxyde de potassium ou de sodium (à l'état de silicate de potasse ou de soude), il constitue le verre.

Action sur l'infusion de tournesol. Il ne la rougit point, puisqu'il est insoluble. S'il était dissous, il pourrait la rougir. (10e *Leç.*, *p*. 14.)

Propriétés chimiques. Action du calorique. Soumis à l'action du calorique, il fond; car tous les oxacides fondent, excepté l'acide sélénieux. Sa fusion n'a lieu qu'à la température du chalumeau à gaz oxygène et hydrogène. Par la fusion, il se réduit en verre et ne se volatilise point; car les deux premiers oxacides se vitrifient et ne se volatilisent point.

Action de la pile. Inaltérable. (*Généralités.*) Peut-être s'il était dissous, pourrait-il se décomposer.

Action des métalloïdes. Il n'est pas décomposé par les métalloïdes qui précèdent son radical. La difficulté qu'on éprouve à le fondre, et par conséquent à mettre en contact avec lui ces métalloïdes dans un grand état de division, explique pourquoi ils n'ont pas d'action sur l'acide silicique; car, en raison de leur plus grande affinité pour l'oxygène, l'hydrogène et le bore devraient le décomposer.

Action de l'acide sulfureux. Il n'est pas décomposé par l'acide sulfureux; car l'acide sulfureux ne décompose que les oxacides dont le radical est placé après le soufre.

Les acides fixes, comme l'acide borique, l'acide phosphorique, se combinent à lui à une température élevée.

C'est un fait, et plus tard j'en donnerai la raison, que tous les acides qui peuvent être fondus sans se décomposer, peuvent se combiner entre eux.

Propriété essentielle. Traité par l'acide hydrophtorique, à la température ordinaire, il donne de l'acide phtoro-silicique (phtore et silicium), gazeux, facile à reconnaître.

Extraction. Comment peut-on l'obtenir? D'un silicate soluble qu'on traite par un acide plus fort, après l'avoir fait dissoudre dans l'eau ; car, en général, les acides peuvent s'obtenir de leurs sels dissous, et traités par un acide plus fort. Comme l'acide silicique est insoluble, que par conséquent il devra précipiter, lorsqu'il sera séparé de son oxyde, on traite par un acide qui, en s'emparant de la base du silicate, fasse avec elle un sel très soluble, afin qu'il reste en dissolution et que l'acide seul précipite.

On se sert ordinairement du silicate de potasse (oxyde de potassium). Il est vrai qu'il n'existe pas dans la nature; mais on se le procure aisément, en faisant fondre du sable blanc (acide silicique) dans la potasse.

Composés d'oxygène et de carbone.

Acide carbonique, oxyde de carbone.

ACIDE CARBONIQUE.

État. L'acide carbonique est gazeux, non permanent ; car les oxacides gazeux ne sont pas permanents. Il se liquéfie à la température ordinaire, sous une pression de 3o atmosphères.

Couleur. Il est incolore ; car tous les oxacides sont incolores, excepté l'acide hypo-azotique.

Pesanteur. Il est plus pesant que l'air ; car tous les oxacides sont plus pesants que l'air : aussi peut-il être versé d'un flacon dans un autre à la manière de l'eau.

État naturel. Il se trouve dans la nature à l'état de pureté ; car on y trouve tous les oxacides jusqu'à l'acide sulfureux inclusivement, excepté ceux du phosphore. D'ailleurs on peut se rappeler qu'il entre dans la composition de l'atmosphère. On le trouve encore dans certaines grottes des pays volcaniques, où il se dégage de la terre.

A l'état de combinaison, il existe aussi dans la nature ; car les quatre premiers et le dernier des oxacides existent dans la nature à l'état de combinaison. Il se trouve dans le carbonate de chaux (la craie) et dans d'autres carbonates. Comme il fait partie de l'atmosphère et qu'il est très soluble, il est aisé de prévoir qu'il existe dans la plupart des eaux *à l'état de dissolution*. Il en est qui le contiennent plusieurs fois leur volume, et qui par conséquent sont mousseuses. Telles sont les eaux minérales de Seltz, de Spa, de Pyrmont, etc.

Action de l'eau. Il est très soluble dans l'eau ; car tous les oxacides métalloïdiques sont très solubles dans l'eau, excepté les deux premiers.

A la température et sous la pression ordinaires, l'eau dissout un volume d'acide carbonique égal au sien. Elle en dissout jusqu'à 5 et 6 fois son volume, si l'on augmente suffisamment la pression, la température restant la même ; car on conçoit que si l'on élevait la température, le calorique dilatant l'acide carbonique, le forcerait à se dégager, s'il avait été absorbé. Or, on ne peut pas supposer que l'acide carbonique soit absorbé à une température à laquelle il se dégagerait, si l'absorption avait eu lieu.

Lorsqu'on veut saturer l'eau d'acide carbonique sous une haute pression, on introduit cette eau dans un vase à fortes parois, et on y comprime l'acide carbonique à l'aide d'une pompe de compression.

On comprend que les vases dont on se sert, doivent être conservés solidement bouchés, et que, du moment où l'eau *acido-carbonique* est exposée à l'air, l'acide carbonique n'étant plus soumis à la pression qui avait été nécessaire pour le dissoudre en si grande proportion dans l'eau, s'en dégage alors avec effervescence.

Saveur. Il a une saveur astringente ; car tous les oxacides solubles ont une saveur astringente.

Odeur. Il est odorant ; car tous les oxacides gazeux sont odorants. Son odeur est piquante. (On se rappelle que l'odeur piquante est celle qui correspond à la saveur astringente.)

Usage en médecine. L'acide carbonique ayant une saveur astringente, est employé comme astringent. Il constitue les eaux gazeuses. On pourrait aussi l'employer pour dissoudre les calculs de carbonate de chaux qui se forment dans la vessie, puisque l'acide carbonique dissout tous les carbonates.

Action du calorique. Soumis à l'action du calorique, il se dilate ; mais il n'est pas décomposé ; car les acides métalloïdiques, jusqu'à l'acide phosphorique inclusivement, se dilatent, mais ne sont pas décomposés par le calorique.

Action de la pile. Il est décomposé par la pile; car tous les acides sont décomposés par la pile, excepté l'acide silicique.

Action des métalloïdes. L'hydrogène et le bore étant placés avant lui dans l'ordre d'affinité pour l'oxygène, lui enlèvent l'oxygène, et l'on obtient de l'eau avec l'hydrogène, avec le bore de l'acide borique; et comme de la décomposition résulte un composé gazeux (l'oxyde de carbone) qui se dégage et ne reste pas en contact avec le corps décomposant, cette décomposition n'est pas complète. L'oxyde de carbone est mis à nu. (*Généralités.*)

Le carbone décompose aussi l'acide carbonique; car un corps simple décompose toujours ses oxydes ou ses acides d'un degré supérieur. Le carbone par lequel on traite, et le carbone de l'acide carbonique ayant la même affinité pour l'oxygène, se partagent ce gaz; en sorte que l'un devient oxyde de carbone, et que l'autre est ramené à l'état d'oxyde de carbone.

Il est évident que les autres métalloïdes ayant moins d'affinité pour l'oxygène que le carbone, doivent être sans action sur lui.

Action de l'acide sulfureux. L'acide sulfureux n'a pas d'action sur l'acide carbonique; car il ne décompose que les oxacides dont le radical est placé après le soufre.

Propriété essentielle. L'acide carbonique éteint les corps en ignition; car tous les composés gazeux éteignent les corps en ignition, à moins qu'ils ne se décomposent et ne donnent pour produit de la décomposition de l'oxygène qui l'entretiendrait ; mais l'acide carbonique étant indécomposable, même à la température la plus élevée, ne saurait entretenir la combustion.

Il donne avec l'eau de chaux un précipité blanc qui se dissout dans un excès d'acide carbonique. (*Généralités.*)

Les sels désignés autrefois sous le nom de sous-carbonates, le sont maintenant sous le nom de carbonates, et les carbonates sous le nom de bi-carbonates, parce qu'ils contiennent deux fois autant d'acide carbonique que les sous-carbonates.

Extraction. On l'obtient d'un carbonate, et l'on choisit de préférence le carbonate de chaux, parce qu'il est très commun dans la nature. (*Voir aux généralités sur les oxacides, l'extraction d'un acide gazeux.*)

Composés d'oxygène et de phosphore.

Acide phosphorique, acide hypophosphorique, acide phosphoreux, acide hypo-phosphoreux, oxyde de phosphore.

Acide phosphorique.

État. Il est solide. (*Généralités.*) Il est cristallisable ; car tous les oxacides solides sont cristallisables.

Couleur. Incolore ; car tous les acides métalloï-

diques sont incolores, excepté l'acide hypo-azotique.

Pesanteur. Il est plus pesant que l'eau; car tous
les oxacides métalloïdiques sont plus pesants que
l'eau.

Etat naturel. C'est un produit de l'art; car les
acides du phosphore sont des produits de l'art.

Action de l'eau. Il est extrêmement soluble dans
l'eau; car tous les oxacides, excepté les deux premiers peu solubles, sont très solubles dans l'eau.
En s'y dissolvant, il ne élève beaucoup la température; car tous les oxacides très solubles se combinent avec l'eau, et dans la combinaison il y a un
dégagement de calorique d'autant plus considérable qu'ils sont plus solubles. Lorsque l'acide phosphorique est anhydre, il produit avec l'eau un
bruit semblable à celui d'un fer rouge qu'on y
plongerait. En effet, il a pour l'eau tant d'affinité
que, même au degré de la chaleur rouge, il retient une grande quantité de ce liquide.

Saveur. Comme tous les acides très solubles dans
l'eau, l'acide phosphorique est doué d'une saveur
astringente très prononcée.

Odeur. L'acide phosphorique est inodore; car
tous les oxacides non gazeux sont inodores,
excepté ceux qui sont formés par les quatre derniers corps simples.

Usages. On ne s'en sert guère que pour atta-
quer les pierres précieuses qui contiennent des
oxydes de potassium ou de sodium auxquels il se
combine et qu'il dissout.

Action sur l'infusion de tournesol. Comme tous les oxacides très solubles, il rougit fortement l'infusion de tournesol.

Action du calorique. Soumis à l'action du calorique, il fond et se vitrifie (un peu au-dessous de la chaleur rouge). Le verre qu'il forme est nommé par quelques chimistes *acide para-phosphorique*, et considéré par eux comme un acide particulier. En effet, il y a plusieurs différences entre ses propriétés et celles de l'acide phosphorique non fondu. Ainsi, il trouble la dissolution d'albumine; l'acide phosphorique n'en altère point la transparence : au reste, tous deux sont formés d'oxygène et de phosphore dans les mêmes proportions, et ne diffèrent que par l'arrangement de leurs molécules.

L'acide phosphorique se volatilise; car tous les oxacides se volatilisent, excepté l'acide borique et l'acide silicique. La volatilisation n'a lieu qu'à une température très élevée. (*Voir les Généralités.*)

A la plus haute température, il n'est pas décomposé; car les oxacides, jusqu'à l'acide phosphorique inclusivement, ne sont pas décomposés par le calorique. Nous avons dit qu'il a tant d'affinité pour l'eau, que, même à la chaleur rouge, il en retient une assez grande quantité, ce que l'on peut concevoir en considérant que l'eau n'est pas à l'état de mélange avec lui, mais à l'état de combinaison. L'acide phosphorique dans l'eau est un phosphate de protoxyde d'hydrogène. Cette

observation nous apprend pourquoi très souvent
l'eau ne se volatilise pas à la température de 100°
lorsqu'elle dissout un acide. En effet, l'eau n'é-
tant pas libre, pour la volatiliser, le calorique doit
vaincre l'affinité qu'a pour elle l'acide qui lui est
uni. La même observation nous explique encore
et réciproquement, pourquoi un acide dans l'eau
n'est pas aussi facilement décomposé que s'il était
concentré, le corps décomposant ayant alors à
vaincre l'affinité de l'eau (protoxyde d'hydrogène)
pour son acide.

Comme les vases de terre ou de verre sont formés d'acide silicique et d'alumine ou de potasse,
et que l'acide phosphorique, se combinant à une
température élevée à la silice et à l'alumine, attaque et troue les vases de verre ou de terre dans
lesquels on a tenté de le fondre, on en opère la
fusion dans un creuset de platine. On conçoit que
tous les acides fixes et fusibles agiront ainsi sur les
vases de terre et de verre à une température élevée ; car un acide et un oxyde doivent se combiner,
lorsqu'ils sont en contact, dans un grand état de
division.

Action de la pile. Soumis à l'action de la pile,
il est décomposé. L'oxygène se rend au pôle vitré,
et le phosphore au pôle résineux,

Action des métalloïdes. Oxygène. Il ne se combine
ni à l'oxygène libre, ni à l'oxygène naissant, puisqu'il est le plus oxygéné des acides du phosphore.

Les métalloïdes qui précédent son radical,

ayant plus d'affinité que lui pour l'oxygène, devraient lui enlever de l'oxygène à une température élevée. On n'a expérimenté jusqu'ici qu'avec le carbone. On a trouvé qu'il décompose l'acide phosphorique ; il se forme de l'acide carbonique ou de l'oxyde de carbone ; le phosphore est mis à nu : ce serait un moyen d'obtenir le phosphore.

Action de l'acide sulfureux. L'acide sulfureux ne le décompose point ; car il ne décompose, etc.

Les acides fusibles et non volatils, tels que l'acide borique, etc., se combineraient avec lui ; car, en général, tous les oxacides fusibles et non volatils peuvent se combiner entre eux.

Propriété essentielle. (*Voir les Généralités.*)

Extraction. Comme tous les acides en général, on peut l'obtenir de deux manières, par la combinaison de ses éléments, ou en le séparant des oxydes auxquels il est uni. Le premier procédé permet d'obtenir l'acide phosphorique anhydre.

Dans une capsule qu'on placerait sur un bain de mercure, on mettrait du phosphore, et après avoir enflammé ce phosphore, on recouvrirait la capsule d'une cloche pleine d'oxygène et préalablement bien essuyée (avec du papier joseph, par exemple), afin qu'elle ne contînt pas d'eau. Le phosphore en contact à une température élevée avec l'oxygène, l'absorbe, devient acide phosphorique qui se dépose en flocons blancs sur les parois de la cloche et sur la capsule. L'acide ainsi obtenu est nécessairement anhydre, puisqu'il n'y avait pas d'eau dans l'appareil.

On obtiendrait l'acide phosphorique à l'état d'hydrate, en traitant un phosphate qu'on aurait fait dissoudre par un acide plus fort, l'acide sulfurique par exemple, qui, s'emparant de la base du phosphate, mettrait l'acide phosphorique à nu. Quel phosphate devrait-on prendre? Lorsque l'acide phosphorique sera séparé, il restera en dissolution, puisqu'il est très soluble : il faut donc prendre un phosphate dont la base forme avec l'acide sulfurique un sel insoluble qui précipite. On emploie ordinairement le phosphate de baryte ou le phosphate de chaux.

Tant que de la baryte est unie à l'acide phosphorique, l'acide sulfurique plus fort qu'on verse dans la dissolution s'empare de cet oxyde et le précipite, puisqu'il forme avec lui un sel insoluble. (*Voir propriétés essentielles de l'acide sulfurique.*) Lorsque l'acide ne détermine plus de précipité, c'est évidemment qu'il n'y a plus de baryte, ou si l'on veut, que la baryte est saturée d'acide sulfurique. Si l'on continuait de verser de l'acide sulfurique, il resterait en dissolution avec l'acide phosphorique et altérerait sa pureté. On ne doit donc verser que la quantité d'acide sulfurique nécessaire pour saturer la baryte, et par conséquent n'en plus verser lorsqu'il ne détermine plus de précipité : alors en effet, l'acide phosphorique seul reste en dissolution dans l'eau; et par l'évaporation, on l'obtient pur, mais hydraté.

ACIDES HYPO-PHOSPHORIQUE, PHOSPHOREUX, HYPO-PHOSPHOREUX.

État. L'acide phosphoreux est solide (*Généralités*), cristallisable ; car tous les oxacides solides sont cristallisables.

Les deux autres sont liquides, incristallisables ; autrement ils seraient solides.

Couleur. Incolores, puisque tous les oxacides sont incolores, excepté l'acide hypo-azotique.

Pesanteur. Plus pesants que l'eau ; car tous les oxacides non gazeux, etc.

État naturel. Ils ne se trouvent pas dans la nature à l'état de pureté ; car on n'y trouve aucun des acides du phosphore. Ils n'y existent point non plus à l'état de combinaison, car on n'y trouve que l'acide le plus oxygéné de chacun des cinq premiers et du dernier des métalloïdes.

Action de l'eau. Ils sont solubles dans l'eau ; car tous les oxacides métalloïdiques sont solubles dans l'eau : ils se combinent avec elle, et il y a dégagement de calorique ; car tous les oxacides très solubles se combinent avec l'eau, avec dégagement de calorique.

Saveur. Ils sont très astringent, puisque tous les oxacides très solubles se combinant avec l'eau ont nécessairement cette saveur.

Odeur. Inodores ; car tous les oxacides non gazeux, excepté ceux qui sont formés par les quatre derniers corps simples, sont inodores. Lorsque l'acide hypo-phosphorique est en solution dans l'eau, il a une légère odeur de phosphore.

Action du calorique. Chauffés à vase clos, ils se décomposent; car tous les acides, à partir de l'acide phosphorique exclusivement, excepté l'acide sulfureux et l'acide sélénieux, se décomposent. Les produits de la décomposition sont de l'hydrogène proto-phosphoré et de l'acide phosphorique. L'acide phosphoreux donne de plus un peu de phosphore : si ces acides étaient purs, c'est-à-dire, s'ils ne contenaient que de l'oxygène et du phosphore, en proportions différentes, ils ne donneraient pas d'hydrogène phosphoré. On ne peut expliquer la formation de ce gaz qu'en admettant qu'ils contiennent de l'eau qui est décomposée. La présence de l'eau dans ces acides est évidemment démontrée par cette observation. (*Voir aux généralités les caractères distinctifs des acides du phosphore.*)

Si on les chauffe à l'air, il se dégage du gaz hydrogène perphosphoré. En effet, le gaz qui se dégage, s'enflamme immédiatement à l'air, ce que ne ferait point le gaz hydrogène proto-phosphoré.

Comment expliquer que les trois acides hypophosphoreux, phosphoreux et hypophosphorique soient décomposés par le calorique, lorsque l'acide phosphorique ne l'est pas, bien que cependant il doive être plus facile à décomposer qu'eux, puisque un corps simple retient d'autant moins l'oxygène qu'il en a plus à retenir ? L'acide phosphorique n'est sollicité à se décomposer que par le calorique seul qui, s'introduisant entre ses molécules, tend à séparer l'oxygène et le phosphore : tandis que les trois autres acides sont sollicités et par le calorique et par un corps avide d'oxygène. En effet, si l'on suppose le volume de l'acide phosphoreux partagé en deux parties inégales, de manière que l'une soit le quart de l'autre, la partie plus petite se trouvant en contact avec un corps qui a beaucoup d'affinité pour l'oxygène, la portion quadruple d'acide phosphoreux est sollicitée à se décomposer et par le calorique et par cette grande portion d'acide phosphoreux ; on conçoit qu'il peut arriver un terme où ces deux forces sont suffisantes pour que la décomposition de la petite partie d'acide phosphoreux ait lieu.

On peut ajouter en outre que les acides hypo-phosphoreux, phosphoreux et hypo-phosphorique contenant de l'eau (oxygène et hydrogène) sont soumis à la force de décomposition du calorique aidée de l'affinité de l'hydrogène pour le phosphore ; car il paraît qu'en général (au moins cela a-t-il lieu dans un très-grand nombre de cas, ainsi que nous le verrons) deux corps simples combinés agissent comme ils agiraient séparément.

Action de la pile. Ils sont décomposés par la pile ; car tous les oxacides, etc.

Action des métalloïdes. Oxygène. Ces acides ont une grande affinité pour l'oxygène : les acides hypo-phosphoreux et phosphoreux qui en ont le plus, l'absorbent à froid, et se transforment en acide phosphorique ; l'acide hypo-phosphorique qui est le plus près d'être saturé d'oxygène, ne l'absorbe qu'à chaud.

Les métalloïdes placés avant eux, ayant plus d'affinité pour l'oxygène, les décomposent en s'emparant de leur oxygène ; le phosphore est mis à nu.

Action de l'acide sulfureux. Ils ne sont pas décomposés par l'acide sulfureux, car cet acide ne décompose que les oxacides, formés par les métalloïdes placés après le soufre.

Action des autres oxacides. Ces trois acides absorbent l'oxygène libre à froid ; l'acide sulfureux n'absorbe que l'oxygène naissant. Ils gardent à la *température la plus élevée* l'oxygène qui leur est combiné et les constitue acide phosphorique ; l'acide sulfureux perd à la température la plus élevée l'oxygène qui lui est combiné, puisqu'à cette température l'acide sulfurique est décomposé.

Ces trois acides ont donc plus d'affinité pour l'oxygène que l'acide sulfureux. Aussi décomposent-ils tous les oxacides placés après le soufre, sans excepter l'acide sélénique, l'acide chlorique et l'acide azotique. Cependant on les emploie rarement, parce que, ne se trouvant dans la nature ni à l'état de pureté ni à l'état de combinaison, ils sont assez chers.

Propriétés essentielles. Voir aux généralités les caractères distinctifs des acides du phosphore.

Extraction de l'acide hypo-phosphorique. Nous avons vu (3ᵉ leçon, *action de l'oxygène sur le phosphore*), que cet acide se forme lorsqu'on expose le phosphore à la température ordinaire dans l'oxygène soumis à une pression moindre que la pression habituelle, ou mélangé à un autre gaz. Lorsqu'on veut l'obtenir en grande quantité, il faut avoir soin de tenir humide l'appareil dont on se sert, afin que l'acide se dissolve à mesure qu'il se forme; autrement il recouvrirait le phosphore, empêcherait l'action de l'oxygène sur lui, et la production d'acide hypo-phosphorique par conséquent.

Comment obtenir l'acide phosphoreux? D'un phosphite qu'on fait dissoudre. Par quel acide doit-on le traiter? Par un acide plus fort, l'acide sulfurique, par exemple. Quel phosphite faudrait-il prendre? Un phosphite dont la base formerait avec l'acide sulfurique un sel insoluble qui précipiterait : l'acide phosphoreux resterait seul en dissolution

Mais comme les phosphites n'existent point dans la nature, on l'obtient le plus souvent par la combinaison de ses éléments. Pour arriver à ce résultat, on se sert toujours du chlorure de phosphore que l'on met dans l'eau. (Nous verrons à l'histoire des composés en *ure* ce qui doit arriver dans ce cas.)

Extraction de l'acide hypo-phosphoreux. Comme cet acide est très soluble, que lorsqu'il est séparé il reste en dissolution, on l'obtient d'un hypo-phosphite, dont la base forme un sel insoluble avec l'acide sulfurique par lequel on traite. L'hypo-phosphite de baryte est employé généralement. Il est vrai que ce sel n'existe point dans la nature (*Généralités*); mais on se le procure facilement en mettant dans l'eau un phosphure de barium. (*Voir aux composés en ure l'action des phosphures sur l'eau.*)

L'acide hypo-phosphorique ne se combine point aux oxydes; il se décompose en acide phosphoreux et en acide phosphorique, lorsqu'on le fait agir sur eux; il pourrait donc n'être qu'un composé de ces deux acides : dans cette hypothèse en effet, on concevrait bien comment, avec les oxydes, il donne un phosphite et un phosphate. Je ne vois point, au contraire, comment on expliquerait ce résultat, si l'on admet que c'est un acide simple. D'ailleurs, on concevrait facilement sa formation (acide phosphorique + acide phosphoreux), puisqu'il sera démontré plus loin qu'il n'y a point de distinction essentielle entre les oxacides et les oxydes; que lorsque deux composés d'oxygène et d'un corps simple sont mélangés, celui des deux qui contient le moins d'oxygène est un oxyde relativement à l'autre, et réciproquement celui qui contient le plus d'oxygène est un acide par rapport à l'autre.

Composés d'oxygène et de soufre.

Acide sulfurique, acide hypo-sulfurique, acide sulfureux, acide hypo-sulfureux.

ACIDE SULFURIQUE HYDRATÉ.

État. Il est liquide, d'une consistance oléagineuse ; aussi l'appelait-on autrefois *huile* de vitriol.

Couleur. Incolore ; car tous les oxacides sont incolores, excepté l'acide hypo-azotique.

Pesanteur. Plus pesant que l'eau ; car tous les oxacides métalloïdiques non gazeux sont plus pesants que l'eau.

État naturel. Il existe dans la nature à l'*état* de liberté ; car tous les acides, jusqu'à l'acide sulfureux inclusivement, excepté les acides du phosphore, existent à cet état dans la nature. On le trouve dans le voisinage des volcans à l'état d'acide sulfurique hydraté. Il existe aussi à l'état de combinaison, car l'acide le plus oxygéné, de chacun des cinq premiers et du dernier des corps simples, existe dans la nature à l'état de combinaison. On l'y trouve en grande quantité. Ainsi uni à la chaux (oxyde de calcium) il forme le sulfate de chaux ou plâtre.

Action de l'eau. L'acide sulfurique est, avec l'acide sélénique celui des oxacides qui, en se dissolvant dans l'eau et se combinant avec elle, détermine le dégagement de calorique le plus considérable. Ce qu'on explique aisément ; puisque l'acide sulfurique et l'acide sélénique étant ceux des acides qui ont le plus d'affinité pour les oxydes, doivent en avoir aussi le plus pour l'eau qui, comme on le sait, est un oxyde (protoxyde d'hydrogène). Mêlé avec parties égales d'eau, il peut faire monter le thermomètre de o à 84° ; la température s'élève à plus de 105°, si l'on met trois parties d'acide contre une d'eau.

Saveur. Astringente, lorsqu'il est affaibli ; extrêmement caustique, lorsqu'il est concentré. (*Généralités.*)

Odeur. Inodore ; car tous les oxacides non gazeux sont inodores, excepté ceux qui sont formés par les quatre derniers corps simples.

Usage en médecine. De tous les acides, c'est celui dont la saveur est la plus astringente ; il est donc l'astringent le plus énergique. Concentré, il a une saveur caustique ; on l'emploie comme caustique. Il désorganise immédiatement les matières animales. En chimie, c'est un des réactifs les plus employés.

Action sur l'infusion de tournesol. Une seule goutte de cet acide suffit pour colorer en rouge une grande quantité d'infusion de tournesol.

Action du calorique. Lorsqu'on le soumet à l'action d'une chaleur progressive, il bout sans se décomposer (à 300°). Chauffé brusquement à une température élevée, il se décompose en acide sulfureux et en oxygène. La décomposition ne saurait être plus complète, puisque l'acide sulfureux qui en résulte est indécomposable.

Soumis à un froid de 10° à 12°, l'acide sulfurique se congèle et cristallise ; il se congèle à 0°, même au-dessus , s'il est suffisamment étendu d'eau.

Action de la pile. Comme tous les oxacides, excepté l'acide silicique, il est décomposé par la pile.

Action des métalloïdes. Les métalloïdes placés avant son radical, ayant plus d'affinité pour l'oxygène que lui, le décomposent, et le ramènent à l'état d'acide sulfureux, qui étant gazeux, se dégage. La décomposition est complète, et on obtient du soufre, si la température est suffisamment élevée et le corps décomposant en grande quantité. Le soufre lui-même décompose l'acide sulfurique ; car un corps simple décompose toujours ses oxydes et ses acides d'un degré supérieur. L'acide sulfurique est ramené à l'état d'acide sulfureux, et le soufre par lequel on traite devient acide sulfureux. Ces décompositions n'ont lieu qu'à une température élevée.

Action de l'acide sulfureux. L'acide sulfurique n'est pas décomposé par l'acide sulfureux ; car celui-ci ne décompose que les oxacides dont le radical est placé après le soufre.

Propriété essentielle. (Voir les généralités.)

Extraction. Elle sera exposée plus tard.

Acide sulfurique anhydre.

État. Il est solide ; et comme tous les oxacides solides, il est cristallisable.

Couleur. Blanc opaque ; car tous les oxacides sont incolores, excepté l'acide hypo-azotique.

Pesanteur. Plus pesant que l'eau ; car tous les oxacides non gazeux sont plus pesants que l'eau.

État naturel. C'est un produit de l'art.

Action de l'eau. Il est très soluble dans l'eau (protoxyde d'hydrogène). Comme tous les acides forts, il se combine à ce protoxyde avec un grand dégagement de calorique.

Saveur. Astringente, puisqu'il est sans eau, et, par conséquent, concentré.

Odeur. Inodore ; car tous les oxacides non gazeux sont inodores, excepté, etc.

Action sur l'infusion de tournesol. Comme tous les oxacides très solubles, il rougit fortement l'infusion de tournesol.

Action du calorique. Comme tous les oxacides, il fond et se volatilise. La fusion a lieu à 25°, et la volatilisation à quelques degrés au-dessus ; aussi est-on obligé de le chauffer avec précaution pour le fondre sans le volatiliser. A une température élevée, il serait décomposé. (*Généralités.*)

Action de l'air. Il en absorbe l'humidité, s'y dissout et se combine avec elle ; l'élévation de température qui résulte de la combinaison vaporise une partie de l'acide dissous. En contact avec l'air, cet acide en absorbe de nouveau l'humidité, se liquéfie et produit d'épaisses vapeurs blanches.

Propriété essentielle. Il dissout facilement l'indigo ; la dissolution est d'un beau rouge. L'indigo se dissout aussi dans l'acide sulfurique hydraté ; mais la dissolution est bleue.

Extraction. On l'obtient de l'acide sulfurique de Nordhausen (petite ville d'Allemagne). On introduit cet acide dans une cornue à laquelle on adapte un tube large entouré de glace. On chauffe légèrement la cornue; l'acide se dégage sous forme de vapeurs abondantes qui se condensent, en une masse solide, dans le tube environné de glace. On se garde d'employer du lut ou des bouchons pour maintenir l'appareil; ils seraient attaqués et noircis. L'acide doit être conservé bien bouché; autrement il absorberait l'humidité de l'air, et s'hydraterait.

ACIDE HYPO-SULFURIQUE.

Etat. Il est liquide. Comme tous les oxacides liquides, excepté l'acide hypo-azotique, il est combiné avec l'eau, et par conséquent on peut le considérer comme un sel.

Il est incolore, plus pesant que l'eau, soluble dans l'eau avec dégagement de calorique, très astringent, inodore; il rougit fortement l'infusion de tournesol; car tous les oxacides ont ces propriétés, excepté, etc.

Etat naturel. Il ne se trouve dans la nature ni à l'état de liberté, ni à l'état de combinaison; car aucun oxacide, à partir de l'acide sulfurique, ne se trouve dans la nature ni à l'état de pureté ni à l'état de combinaison, excepté l'acide azotique.

Usages. Inusité; car tous les oxacides qui ne se trouvent pas dans la nature à l'état de combinaison sont inusités, excepté l'acide hypo-azotique.

Action du calorique. Soumis à l'action du calorique, il se décompose ; car tous , etc. S'il contient beaucoup d'eau, il en perd d'abord ; mais avant d'avoir atteint une température de 50 ou 60, il se décompose en acide sulfureux et en acide sulfurique , c'est-à-dire qu'il se partage en deux parties dont l'une cède de l'oxygène à l'autre : la portion qui perd de l'oxygène devient acide sulfureux qui se dégage ; celle qui en gagne, se convertit en acide sulfurique , à moins qu'on ne préfère admettre que l'acide hypo-sulfurique est une combinaison d'acide sulfureux et d'acide sulfurique : cependant il s'unit aux oxydes sans se décomposer.

Action de la pile. Il serait décomposé par la pile.

Action des métalloïdes. — *Oxygène.* Il peut se combiner à l'oxygène libre pour devenir acide sulfurique.

Les métalloïdes placés avant le soufre le décomposent, et le ramènent à l'état d'acide sulfureux, *qui étant gazeux,* se dégage.

Action de l'acide sulfureux. L'acide sulfureux ne le décompose point, car il ne décompose que les oxacides qui sont placés après lui.

Propriété essentielle. Voir aux généralités les caractères distinctifs des acides du soufre.

Extraction. Comment obtenir l'acide hypo-sulfurique ? Des sels qu'il forme. Il est très soluble :

lorsqu'il est mis à nu , il reste en dissolution dans l'eau qui dissout le sel qu'on emploie ; alors on choisit un sel dont la base forme un sel insoluble avec l'acide sulfurique par lequel on le traite, un hypo-sulfate de baryte , par exemple (c'est aussi le sel qu'on emploie le plus souvent) ; on le fait dissoudre dans l'eau, et on verse dans la dissolution de l'acide sulfurique *affaibli*, jusqu'à ce que la liqueur ne se trouble plus ; car alors on conclut que toute la baryte est précipitée. L'acide sulfurique par lequel on traite doit être affaibli, et ne pas être versé en trop grande quantité, car dans ces deux circonstances il pourrait élever la température du mélange au point que l'acide hypo-sulfurique, mis à nu, fût décomposé en acide sulfurique et en acide sulfureux qui se dégagerait. (Voir sa propriété essentielle.)

ACIDE SULFUREUX.

Etat. Il est gazeux, non permanent ; car les oxacides gazeux ne sont pas permanents.

Couleur. Incolore ; car tous les oxacides métalloïdiques sont incolores ; excepté l'acide hypo-azotique.

Pesanteur. Plus pesant que l'air ; car tous les oxacides sont plus pesants que l'air.

Etat naturel. Il existe à l'état de pureté dans la nature ; car tous les oxacides métalloïdiques , jusqu'à l'acide sulfureux inclusivement, existent à cet état dans la nature , excepté les acides du phosphore. Il est produit dans le voisinage des volcans , où le soufre , se dégageant à une haute température , absorbe l'oxygène , et se convertit en acide sulfureux. Il ne se trouve point à l'état de combinaison ; car il n'y a que les acides, etc.

Action de l'eau. Très soluble dans l'eau ; car tous les oxacides sont très solubles dans l'eau, excepté les deux premiers qui sont peu solubles. A la température et sous la pression ordinaires, l'eau absorbe 37 fois son volume d'acide sulfureux.

Saveur. Il a une saveur extrêmement astringente , désagréable ; car les acides très solubles , se combinant fortement avec l'eau, ont une saveur astringente et désagréable.

Odeur. Piquante , suffocante , *caractéristique* ; la même que celle du soufre qui brûle à l'air. (*Généralités.*)

Usages. Dans les arts, on fait servir ses vapeurs à blanchir la soie , la colle de poisson , à enlever les taches de fruits de dessus le linge.

Action sur l'économie animale. Il excite la toux, resserre la poitrine comme le chlore, et pour les mêmes raisons il détermine la suffocation des animaux qui le respirent.

Action sur l'infusion de tournesol. Comme tous les oxacides métalloïdiques, il rougit l'infusion de tournesol.

Action du calorique. Il n'est pas décomposé par le calorique. (*Généralités.*)

Action de la pile. Il est décomposé par la pile ; car tous les acides sont décomposés par la pile, excepté l'acide silicique.

Action des métalloïdes. L'oxygène libre ne se combine à lui à aucune température, ni à l'état de pureté, ni à l'état de mélange. L'oxygène naissant s'y combine, et le constitue à l'état d'acide sulfureux.

L'hydrogène, le bore, le carbone et le phosphore, ayant plus d'affinité pour l'oxygène que le soufre, doivent décomposer l'acide sulfureux à l'aide du calorique, en enlevant de l'oxygène à cet acide.

L'hydrogène et le carbone qui ont été essayés, le décomposent en effet. Il y a formation d'eau dans la décomposition par l'hydrogène, et d'acide carbonique dans la décomposition par le carbone. La décomposition a lieu au-dessous de la chaleur rouge. Les métalloïdes placés après lui dans l'ordre d'affinité pour l'oxygène, ne le décomposent pas, puisqu'ils ont moins d'affinité pour l'oxygène.

Propriété essentielle. On le reconnaît par son odeur. (*Généralités.*)

Acide sulfureux liquide.

L'eau saturée d'acide sulfureux, ou l'acide sulfureux liquide, a les mêmes propriétés physiques et la même action sur l'infusion de tournesol que l'acide gazeux.

Action du calorique. Il est évident que le calorique augmentant le volume de l'acide sulfureux que l'eau contient, force cet acide à se dégager.

En général, lorsqu'un acide gazeux est dissous dans l'eau, si l'on soumet cet acide à l'action du calorique, l'élévation de température augmentant son volume beaucoup plus que celui de l'eau, puisque les gaz sont plus dilatables que les liquides, a pour résultat nécessaire de faire dégager l'acide gazeux.

Action des oxacides. L'acide sulfureux, comme le ferait le soufre lui-même, décompose tous les oxacides formés par les métalloïdes placés après le soufre, excepté les acides sélénique, chlorique, azotique. Il s'empare de leur oxygène, passe à l'état d'acide sulfureux, et précipite leur métalloïde.

Usages. Sous forme de bains, on l'emploie, comme presque tous les astringents, contre la gale et les dartres.

Extraction. Qu'on enlève une proportion d'oxygène à l'acide sulfurique, il sera converti en acide sulfureux. Or, rien n'est plus facile que d'enlever de l'oxygène à l'acide sulfurique : il faut le traiter par un corps qui ait, pour l'oxygène, plus d'affinité que lui, et qui, en s'emparant de l'oxygène, fasse avec lui un composé solide qui ne se volatilise point à la température de l'expérience, afin que l'acide sulfureux, mis à nu, se dégage seul. Le bore pourrait servir : on le mettrait dans une fiole avec l'acide sulfurique ; on adapterait au col de cette fiole un tube recourbé qui s'engagerait sous une cloche pleine de mercure ; car si la cloche contenait de l'eau, l'acide se dissoudrait à mesure qu'il y arriverait ; on éléverait la température. A une température élevée, le bore s'emparant de l'oxygène de l'acide sulfurique, deviendrait acide borique non volatil ; et l'acide sulfureux se dégageant, s'éléverait, en raison de sa légèreté spécifique, à la partie supérieure des cloches, d'où il ferait descendre le mercure à mesure qu'il viendrait à s'accumuler. Comme les premières portions d'acide sulfureux qui se dégagent, seraient mélangées à l'air de l'appareil qu'elles entraînent, on les laisse perdre.

L'acide sulfureux dégagé est pur lorsqu'il peut se dissoudre complétement dans l'eau avec laquelle on le met en contact. On fait l'essai, en agitant dans l'eau une petite éprouvette pleine de gaz.

Parce que le bore est fort cher, on ne s'en sert jamais pour aucune extraction ; et comme un grand nombre de métaux ont plus d'affinité pour l'oxygène que le soufre, ou plutôt que l'acide sulfureux, et qu'ils forment tous avec l'oxygène dont ils s'emparent, des composés solides, on emploie toujours, pour désoxyder l'acide sulfurique, le fer, le cuivre ou tout autre métal ayant la propriété de s'emparer de son oxygène.

3.

Acide sulfureux anhydre.

Lorsqu'on veut obtenir l'acide sulfureux li-quide, sans eau ; comme ce gaz n'est pas per-manent, et qu'il se liquéfie à la pression ordinaire et à un froid produit par deux parties de glace et une partie de sel marin, on le fait passer dans un tube contenant du chlorure de calcium, corps très avide d'eau, qui s'empare de celle que contient l'acide sulfureux, et de là, dans un ballon plongé dans le mélange réfrigérent dont je viens de parler.

Propriétés physiques de l'acide sulfureux anhy-dre. Il est liquide, incolore, transparent, très volatil, car il bout à — 10, plus pesant que l'eau, comme tous les oxacides non gazeux. Ainsi, il a les mêmes propriétés que l'acide liquide, sinon qu'il est plus volatil.

On conçoit que, s'il était versé sur la main dont la température est habituellement de 25°, il se volatiliserait immédiatement; la main éprouverait une très grande sensation de froid, puisqu'il lui prendrait dans un instant le calorique dont il aurait besoin pour se constituer à l'état de gaz.

Usages. On se sert du froid considérable que produit l'acide sulfureux anhydre, pour liquéfier les gaz, pour congeler le mercure. Par l'action qu'il exerce, on a liquéfié le chlore, le cyanogène, l'ammoniaque, et même on a pu solidifier le cya-nogène.

Voici une expérience qui nous indique comment on emploie cet acide pour obtenir ces résultats, au moyen du froid qui les produit.

Si l'on entoure de coton la boule d'un thermomètre à air, qu'on verse de l'acide sulfureux anhydre sur le coton, ou mieux qu'on trempe le coton dans cet acide, et qu'on expose la boule à l'air libre, l'acide se vaporise avec tant de rapidité que, si le thermomètre est à 10°, il descend à —57°. Dans le vide, la volatilisation de l'acide étant pour ainsi dire instantanée, puisqu'il n'y aurait pas de pression, il se produirait un froid de — 68°.

Cet acide mêlé à 4 fois son poids d'eau, forme un hydrate cristallisable, qu'on doit considérer comme un sel, un sulfite de protoxyde d'hydrogène.

ACIDE HYPO-SULFUREUX.

Il existe des sels qui, lorsque l'acide sulfurique s'empare de leur base, et que par conséquent leur acide est mis à nu, laissent dégager de l'acide sulfureux, et donnent un précipité de soufre. Ce résultat ne peut se concevoir sans qu'on soit contraint d'admettre, ou que leur acide est une combinaison d'acide sulfureux et de soufre, ou qu'étant moins oxygéné que l'acide sulfureux, dès qu'il est mis à nu, il se décompose en deux parties, dont l'une perd tout son oxygène. Celle qui perd son oxygène, précipité du soufre; l'autre acquiert cet oxygène et devient acide sulfureux qui se dégage et qu'on reconnaît à son odeur. Dans les deux cas, cet acide contenant plus de soufre que l'acide sulfureux, et par conséquent moins d'oxygène que lui relativement à la proportion de soufre, peut être considéré comme un acide hypo-sulfureux, acide qui n'existerait qu'à l'état de combinaison avec les oxydes, et qui, dès qu'on l'en sépare par l'acide sulfurique, se décomposerait en soufre et en acide sulfureux.

Composés d'oxygène et de sélénium.

Acide sélénique, acide sélénieux, oxyde de sélénium.

Acide sélénique.

État. Il est liquide; car à partir de l'acide sélénieux, tous les oxacides sont liquides, excepté l'acide iodique. Il n'existe pas sans eau, car tous les oxacides liquides sont combinés à l'eau, excepté l'acide hypo-azotique. Concentré, il devient oléagineux. Tous les oxacides sont dans le même cas.

Couleur. Incolore; car tous les oxacides sont incolores, excepté l'acide hypo-azotique.

Pesanteur. Comme tous les oxacides non gazeux, il est plus pesant que l'eau.

État naturel. Il n'existe dans la nature, ni à

l'état de pureté, ni à l'état de combinaison ; car, excepté l'acide azotique qu'on trouve à l'état de combinaison, les oxacides, à partir de l'acide sulfureux, n'existent dans la nature ni purs ni combinés.

Action de l'eau. Il est très soluble dans l'eau ; il se combine très fortement avec elle, et devient plus difficile à décomposer ; car tous les oxacides ont ces propriétés, excepté les deux premiers, qui sont peu solubles.

Saveur. Astringente, caustique ; car lorsqu'il se combine à l'eau, il se produit une contraction très considérable, et par conséquent un grand dégagement de calorique. Le dégagement de calorique est égal à peu près à celui que détermine l'acide sulfurique dans les mêmes circonstances.

Odeur. Inodore ; car il n'y a que les oxacides gazeux et ceux formés par les quatre derniers corps simples qui soient odorants.

Action sur l'infusion de tournesol. Comme tous les acides métalloïdiques très solubles, il rougit fortement l'infusion de tournesol.

Action du calorique. Soumis à l'action du calorique, il se décompose ; car, à partir de l'acide phosphorique exclusivement, les acides se décomposent excepté, etc. ; les produits de la décomposition sont de l'acide sélénieux et de l'oxygène. La décomposition ne saurait être plus complète, puisque l'acide sélénieux qui en résulte ne peut être décomposé par le calorique.

Action de la pile. Il est décomposé par la pile ; car, etc.

Action des métalloïdes. Les métalloïdes qui précèdent son radical, le décomposent nécessairement, puisqu'ils ont plus d'affinité pour l'oxygène que le sélénium : ils s'emparent de son oxygène, et le ramènent à l'état d'oxyde de sélénium.

Action de l'acide sulfureux. L'acide sulfureux ne le décompose pas ; c'est une exception. (*Généralités.*)

Propriété essentielle. La propriété qu'il a de ne pas être décomposé par l'acide sulfureux, le distingue de l'acide sélénieux. L'odeur de chou pourri qu'il répand lorsqu'on le traite par un des métalloïdes qui le précèdent, le distingue de tous les autres acides.

Son affinité pour les oxydes est presque égale à celle de l'acide sulfurique.

Extraction. Comment l'obtenir ? D'un séléniate qu'on fait dissoudre dans l'eau, et qu'on traite par un acide plus fort, par l'acide sulfurique nécessairement, puisque l'acide sulfurique seul est plus fort que lui.

L'acide sélénique étant très soluble, restera en dissolution lorsqu'il sera séparé. Il faut donc prendre un sel dont la base fasse avec l'acide sulfurique un sel insoluble, afin que l'acide sélénique seul restant en dissolution, soit complétement isolé. Pour obtenir ce résultat, on prend ordinairement le séléniate de plomb.

ACIDE SÉLÉNIEUX.

État. Il est solide, et par conséquent cristallisé; puisque les oxacides solides sont cristallisés.

Couleur. Incolore ; car tous les oxacides sont incolores, excepté l'acide hypo-azotique.

Pesanteur. Plus pesant que l'eau ; car tous les oxacides non gazeux sont plus pesants que l'eau.

État naturel. Il ne se trouve dans la nature ni à l'état de pureté, ni à l'état de combinaison ; car, excepté l'acide azotique qui existe à l'état de combinaison, les oxacides, à partir de l'acide sulfureux, ne se trouvent dans la nature ni purs, ni combinés.

Action de l'eau. Il est très soluble dans l'eau ; car tous les oxacides sont très solubles dans l'eau, excepté les deux premiers qui sont peu solubles.

Saveur. Très astringente ; car, en se dissolvant, il se combine à l'eau.

Odeur. Il est inodore ; car tous les oxacides non gazeux sont inodores, excepté ceux qui sont formés par les quatre derniers corps simples.

Usages. Inusité ; car tous les oxacides , etc.

Action sur l'infusion de tournesol. Il rougit l'infusion de tournesol ; car, etc.

Action du calorique. Soumis à l'action du calorique, il se volatilise sans se fondre ; il n'est pas décomposé. (*Généralités.*)

Action de la pile. Il est décomposé par la pile ; car, etc.

Action des métalloïdes. Les métalloïdes placés avant le sélénium ayant plus d'affinité que lui pour l'oxygène, doivent avoir la faculté de lui enlever l'oxygène, et par conséquent de décomposer l'acide sélénieux. Ces expériences n'ont pas été tentées.

Action de l'acide sulfureux. L'acide sulfureux décompose l'acide sélénieux; car il décompose tous les oxacides formés par les métalloïdes placés après son radical, excepté, etc. L'acide sulfureux s'empare de l'oxygène de l'acide sélénieux, et devient acide sulfurique. Le sélénium précipite.

Propriété essentielle. Comment reconnaît-on l'acide sélénieux ? Par l'acide sulfureux ; car tous les oxacides décomposés par l'acide sulfureux, etc. On traite, par l'acide sulfureux, l'acide qu'on pense être l'acide sélénieux. Si, dans l'expérience, l'acide sulfureux devient acide sulfurique, on en conclut que l'acide avec lequel on l'avait mélangé contenait de l'oxygène. S'il précipite un corps qui, soumis à l'action du calorique, donne des vapeurs ayant une odeur de chou pourri, ce corps est nécessairement du sélénium. L'acide à reconnaître était donc formé d'oxygène et de sélénium. Ce n'était pas de l'acide sélénique ; car il n'aurait pas été décomposé par l'acide sulfureux. (*Généralités*) ; donc c'était de l'acide sélénieux.

Extraction. A une température élevée, le sélénium absorbe l'oxygène libre, et devient acide

sélénieux. On pourrait donc obtenir l'acide sélénieux en chauffant le sélénium dans l'oxygène
libre? Le moyen le plus employé consiste à mettre
le sélénium en contact avec l'oxygène *naissant.*

Qu'on chauffe l'acide azotique avec du sélénium,
ce métalloïde ayant plus d'affinité pour l'oxygène
que l'azote, lui enlève une portion de son oxygène,
devient acide sélénieux, et se dissout. Comme
l'acide sélénieux resterait mélangé avec une
certaine quantité d'acide azotique non décomposé,
on chauffe le mélange dans une capsule jusqu'à
siccité; l'acide azotique se volatilise; une masse
blanche reste dans la capsule : c'est l'acide sélé-
-nieux.

Comme l'acide azotique, sur-tout lorsqu'il est
concentré, se décompose facilement en oxygène
et en deutoxyde d'azote, qui, étant gazeux, se
dégage, on peut l'employer avec avantage pour
oxyder par l'oxygène *naissant* les corps simples
qui le précèdent dans l'ordre d'affinité pour
l'oxygène, et qui absorbent difficilement, ou
qui n'absorbent pas du tout l'oxygène *libre.*

Composés d'oxygène et d'iode.

Acide hyper-iodique, acide iodique, acide iodeux.

ACIDE HYPER-IODIQUE.

On obtient par l'art des sels d'argent qui ont
pour acide un composé d'oxygène et de corps

simple plus oxygéné que l'acide iodique. En effet, si on traite par l'eau (protoxyde d'hydrogène) ces sels d'argent; le protoxyde d'hydrogène *plus fort* que le protoxyde d'argent, le déplace, s'empare de son acide qu'il dissout ; le protoxyde d'argent mis à nu précipite car il est insoluble. Si on élève légèrement la température de la dissolution, de manière que l'eau se dégage à l'état de vapeur, l'acide du sel cristallise.

Propriétés essentielles. Soumis à l'action du calorique l'acide obtenu perd de l'oxygène et donne de l'acide iodique. Cet acide est donc formé d'oxygène et d'acide iodique ; donc il est plus oxygéné que l'acide iodique, donc il existe un acide hyperiodique, et le sel neutre qu'on a traité était un hyper-iodate d'argent.

Il est évident que l'action d'une température élevée décomposerait complètement l'acide hyper-iodique.

Action de l'air. Cet acide, exposé à l'air, n'est pas déliquescent.

L'existence de l'acide iodeux n'étant pas démontrée, on pourrait appeler acide iodeux l'acide iodique actuel, et acide iodique l'acide hyperiodique.

ACIDE IODIQUE.

État. Il est solide. (*Généralités.*) Il est cristallisable ; car tous les oxacides solides sont cristallisables.

Couleur. Incolore, comme tous les oxacides métalloïdiques, excepté l'acide hypo-azotique.

Pesanteur. Comme tous les oxacides non gazeux, il est plus pesant que l'eau.

État naturel. Il n'existe dans la nature, ni à l'état de pureté, ni à l'état de combinaison; car, etc.

Action de l'eau. Il est très soluble dans l'eau : lorsqu'il s'y dissout, il en élève la température; car il se combine à elle, et, dans la combinaison, il y a contraction. (*Généralités.*)

Saveur. Astringente; car tous les oxacides solubles ont une saveur astringente.

Odeur. Odorant; car tous les acides formés par les quatre derniers corps simples, excepté l'acide chlorique, sont odorants. Son odeur est analogue à celle de l'iode.

Usages. Inusité. S'il était moins cher, on pourrait l'employer comme astringent, de même que tous les autres oxacides solubles.

Action sur l'infusion de tournesol. Il la rougit, puis la détruit; car les oxacides du chlore, du brôme et de l'iode, excepté l'acide chlorique, la détruisent, après l'avoir rougie.

Action du calorique. Soumis à l'action du calorique, il fond. A une température plus élevée, il se décompose en iode et en oxygène. (*Généralités.*)

Action des métalloïdes. Il est décomposé par les métalloïdes qui précèdent son radical. (*Généralités.*)

Action de l'acide sulfureux. Comme tous les oxa-cides, dont le radical est placé après le soufre, excepté, etc., l'acide iodique est décomposé par l'acide sulfureux.

Propriété essentielle. Il se reconnaît par l'acide sulfureux. (*Généralités.*)

Extraction. On pourrait l'obtenir d'un iodate, qu'on traiterait par un acide plus fort que l'acide iodique ; mais comme les iodates sont eux-mêmes des produits de l'art, on préfère l'obtenir en combinant directement ses éléments, c'est-à-dire, en combinant l'iode à l'oxygène naissant, qu'on obtient facilement d'un oxacide ou d'un oxyde dont le radical a moins d'affinité pour l'oxygène que l'iode, l'acide azotique ou hypo-azotique, par exemple. A une température médiocrement élevée, l'iode s'emparant de l'oxygène de l'acide azotique, devient acide iodique ; et l'acide azotique, privé d'une partie de son oxygène, est ramené à l'état de deutoxyde d'azote qui, étant gazeux, se dégage.

ACIDE IODEUX.

L'existence de l'acide iodeux n'est pas démontrée.

Composés d'oxygène et de brome.

ACIDE BROMIQUE.

État. Il est liquide ; car à partir de l'acide iodique, tous les oxacides sont liquides.

Couleur. Il est incolore ; car tous les oxacides métalloïdiques sont incolores, excepté l'acide hypo-azotique.

Pesanteur. Il est plus pesant que l'eau ; car tous les oxacides non gazeux, sont, etc.

État naturel. C'est un produit de l'art ; car tous les oxacides métalloïdiques, à partir de l'acide sulfureux, sont des produits de l'art. Il n'existe point dans la nature à l'état de combinaison, car on n'y trouve etc.

Action de l'eau et saveur. Comme tous les oxacides métalloïdiques, il se combine à l'eau avec dégagement de calorique, et par conséquent il jouit d'une saveur astringente.

Odeur. Il est odorant ; car les oxacides formés par les quatre derniers corps simples sont odorants, excepté l'acide chlorique.

Usages. Inusité. Puisqu'il a une saveur astringente ; on pourrait l'employer comme astringent.

Action sur l'infusion de tournesol. Il la rougit, puis la décolore ; car les oxacides de l'iode, du brôme et du chlore, excepté l'acide chlorique la rougissent, puis la décolorent.

Action du calorique. Il est décomposé par le calorique ; car, à partir de l'acide sélénieux, tous les oxacides sont décomposés par cet agent. Il est décomposé, dès qu'il est près de perdre tout l'eau qu'il possède : l'eau paraît donc essentielle à sa constitution.

Action de la pile. Il est décomposé par la pile ; car tous les oxacides, etc.

Action des métalloïdes. Il est décomposé par les métalloïdes placés avant son radical, dans l'ordre d'affinité pour l'oxygène ; car tous les oxacides sont décomposés, etc.

Action de l'acide sulfureux. L'acide sulfureux le décompose ; car il décompose tous les oxacides formés par les métalloïdes placés après le soufre, excepté, etc. L'acide sulfureux se convertit en acide sulfurique. Le brôme est mis à nu. C'est un moyen de reconnaître l'acide bromique. (*Voir les Généralités.*)

Propriété essentielle. Il se reconnaît par l'acide sulfureux ou par le calorique. (*Généralités.*)

Extraction. Comment obtenir l'acide bromique ? D'un bromate qu'on traite par un acide plus fort qui s'empare de la base, et met l'acide bromique à nu. Lorsque cet acide est mis à nu, il reste en dissolution, puisqu'il est très soluble : on prend un bromate dont la base fait un sel insoluble avec l'acide par lequel on traite. Le sel insoluble précipite ; l'acide seul reste en dissolution.

Composés d'oxygène et de chlore.

Acide chlorique, acide chloreux, deutoxyde de chlore, protoxyde de chlore.

ACIDE CHLORIQUE.

État. Il est liquide ; car tous les oxacides sont

liquides à partir de l'acide iodique. Comme tous les oxacides liquides, excepté l'acide hypo-azotique, il est combiné avec de l'eau ; par conséquent on doit le considérer plutôt comme un sel que comme un acide libre.

Couleur. Incolore ; car tous les oxacides métalloïdiques sont incolores, excepté l'acide hypoazotique.

Pesanteur. Il est plus pesant que l'eau ; car tous les oxacides non gazeux sont plus pesants que l'eau.

État naturel. Il ne se trouve dans la nature, ni libre, ni combiné ; car, à partir de l'acide sulfureux exclusivement, aucun des oxacides n'existe dans la nature ni libre, ni combiné, excepté l'acide azotique qui s'y trouve à l'état de combinaison.

Action de l'eau. Il est très soluble dans l'eau. En s'y dissolvant il en élève la température ; car, etc.

Saveur. Il a une saveur très astringente. (*Généralités.*)

Odeur. Il est inodore ; c'est une exception, puisqu'en général, les acides formés par les quatre derniers métalloïdes, sont odorants.

Usages. Inusité. Car, excepté l'acide hypoazotique, les oxacides qui ne se trouvent dans la nature, ni libres, ni combinés, sont sans usage. En médecine, on pourrait l'employer comme astringent. Comme il forme avec la potasse (*oxyde* de potassium) un sel peu soluble, on s'en sert quelquefois pour précipiter cet oxyde de ses dissolutions aqueuses,

Action sur l'infusion de tournesol. Il la rougit sans la décolorer. (*Généralités.*)

Action du calorique, Soumis à l'action du calorique, il perd l'excès d'eau qu'il peut contenir, se volatilise (à 140°), puis se décompose.

Action de la pile. Comme tous les oxacides, excepté l'acide silicique, il est décomposé par la pile.

Action des métalloïdes. Oxygène. Dans l'état actuel, il est, comme son nom l'indique, le plus oxygéné des acides du chlore, et par conséquent des composés d'oxygène et de chlore. Il ne se combine donc ni à l'oxygène libre, ni a l'oxygène naissant. Les métalloïdes qui le précèdent, dans l'ordre d'affinité pour l'oxygène, le décomposent. (*Généralités.*)

Action de l'acide sulfureux. Bien que placé après l'acide sulfureux, l'acide chlorique n'est pas décomposé par lui. C'est une exception. (*Voir aux Généralités la cause de cette exception.*

Propriété essentielle. (*Voir les Généralités.*)

Extraction. Comment l'obtenir? D'un chlorate que l'on fera dissoudre, et qu'on traitera par un acide plus fort, l'acide sulfurique, par exemple ; car en général, les acides peuvent s'obtenir de

leurs sels dissous et traités par un acide plus fort;
comme le chlore a peu d'affinité pour l'oxygène, et que par conséquent l'acide chlorique
est facilement décomposé par le calorique, on se
servirait d'acide sulfurique affaibli, pour éviter
que, s'il était concentré, il ne déterminât, lorsqu'on le verserait dans l'eau de la dissolution, une
élévation de température capable de décomposer
l'acide chlorique mis à nu.

Quel chlorate devrait-on prendre? L'acide chlorique étant très soluble, restera en dissolution,
lorsqu'il sera séparé. Il faudra donc prendre un
chlorate dont la base forme un sel insoluble avec
l'acide sulfurique, un chlorate de baryte, par
exemple. Au reste on se sert généralement du
chlorate de potasse.

On traite ce chlorate par l'acide sulfurique
étendu d'eau. L'acide chlorique très soluble reste
en dissolution, lorsqu'il est séparé de sa base. Le
sulfate de potasse qui se forme, reste aussi en
dissolution. Comment les séparer? En général,
les sels ne se volatilisent pas. Nous venons de voir
que l'acide chlorique se volatilise sans se décomposer. Si donc on chauffe le mélange, l'acide
chlorique seul se volatilise : on le reçoit dans un
ballon où il se condense. On conçoit que l'acide
chlorique s'étant volatilisé sur l'acide sulfurique,
il a dû entraîner des parties de cet acide. On sépare ce dernier acide par l'eau de baryte qui le
précipite. Probablement que si l'acide chlorique

ne s'unit pas aussi à une partie de la baryte , c'est qu'on en verse peu, et que l'acide sulfurique, plus fort que lui, le déplacerait, s'il s'en emparait. Malgré les précautions que l'on prend pour chauffer modérément, l'acide chlorique, comme on doit le prévoir, se décompose presque toujours en petite quantité, en se volatilisant. Nous verrons plus loin quels peuvent être les produits de cette décomposition, et les moyens qu'on emploie pour priver l'acide chlorique obtenu de la petite quantité de corps étrangers qu'il contient.

ACIDE CHLOREUX.

État. Il est liquide, et contient de l'eau ; car tous les oxacides sont liquides à partir de l'acide iodique ; et tous les oxacides liquides contiennent de l'eau, excepté l'acide hypo-azotique.

Couleur. Il est incolore ; car tous les oxacides sont incolores, excepté l'acide hypo-azotique. Cependant lorsqu'il est très concentré, il devient juanâtre.

Pesanteur. Elle est ignorée.

État naturel. Il n'existe dans la nature, ni pur, ni combiné. (*Généralités.*)

Action de l'eau. Comme tous les oxacides, il est soluble dans l'eau ; il s'unit à elle si intimement, qu'on ne peut le dessécher sans le décomposer ; d'où il résulte que l'eau qu'il contient est essentielle à sa constitution.

Saveur. Astringente, car, etc.

Odeur. Il est odorant ; car les oxacides formés

par l'iode, le brome et le chlore , sont odorants , excepté l'acide chlorique : pour que son odeur se manifeste , il faut qu'il soit chauffé légèrement ou concentré.

Usages dans les arts et en médecine. Inusité ; car tous les oxacides , etc.

Action sur l'infusion de tournesol. Il la détruit après l'avoir rougie ; car, etc.

Action du calorique. Soumis à l'action du calorique , il se volatilise , et à une température plus élevée, il se décompose, car tous les oxacides , etc.

Action de la pile. Il est décomposé par la pile ; (*Généralités.*)

Action des métalloïdes. Il est décomposé par les métalloïdes placés avant le chlore dans l'ordre d'affinité pour l'oxygène ; et plus ils sont près de l'oxygène , plus la décomposition par chacun d'eux est facile.

Action de l'acide sulfureux. L'acide sulfureux le décompose ; car il décompose tous les oxacides dont le radical est placé après le soufre , excepté les acides sélénique, chlorique, azotique : l'acide sulfureux s'empare de l'oxygène, de l'acide chloreux , et devient acide sulfurique ; le chlore mis à nu se dégage,-

Propriété essentielle. On le reconnaît par l'acide sulfureux ; car, etc.

Extraction. On l'obtient du chlorate de baryte qu'on traite par l'acide sulfurique étendu d'eau, et qu'on verse lentement jusqu'a ce que la liqueur ne soit plus troublée, car alors il est certain que l'acide sulfurique ne trouve plus de baryte, et que par conséquent, il a enlevé et précipité toute celle qui était unie à l'acide chloreux, qui seul reste en dissolution.

Composés d'oxygène et d'azote.

Acide azotique, acide hypo-azotique, acide azoteux, bi-oxyde d'azote, protoxyde d'azote.

Acide azotique (nitrique. — Eau forte.)

Propriétés de l'acide azotique le plus concentré, c'est-à-dire contenant une partie d'eau pour une d'acide.

État. L'acide azotique concentré est liquide; car tous les acides, à partir de l'acide iodique exclusivement, sont liquides. Comme tous les acides liquides, il est toujours combiné à de l'eau (protoxyde d'hydrogène) qui, comme nous le verrons plus bas, paraît essentielle à sa composition.

Couleur. Il est incolore; car tous les oxacides sont incolores, etc.

Pesanteur. Comme tous les oxacides métalloïdiques, il est plus pesant que l'eau.

État naturel. Il ne se trouve pas dans la nature à l'état de pureté; car aucun oxacide, à partir de l'acide sulfureux inclusivement, ne se trouve à cet état dans la nature. Il y existe à l'état de combinaison; car, etc.

Action de l'eau. Il se combine à l'eau, en

toutes proportions, avec dégagement de calorique; car tous les acides qui ont beaucoup d'affinité pour les oxydes, en se dissolvant dans l'eau (protoxyde d'hydrogène), se combinent à elle avec contraction considérable et dégagement de calorique proportionnel à cette contraction.

Saveur. Très astringente et chaude évidemment.

Odeur. Il est odorant; car tous les acides formés par les quatre derniers corps simples sont odorants, excepté l'acide chlorique, Son odeur est analogue à celle de l'acide hypo-azotique, peut-être parce que l'acide azotique se décompose en oxygène et en acide hypo-azotique, et que réellement c'est de l'acide hypo-azotique qui se dégage.

Puisque l'acide azotique est odorant, c'est qu'il se volatilise à la température ordinaire.

Action de l'air. Comment les vapeurs d'acide azotique agissent-elles sur l'air ? Ces vapeurs ayant une grande affinité pour l'eau, se combinent nécessairement à celle qui se trouve en suspension dans l'atmosphère, et l'absorbent, jusqu'à ce qu'elles soient très affaiblies ; mais alors la vapeur d'eau est liquéfiée : ainsi, il répand à l'air des vapeurs d'autant plus épaisses qu'il est plus concentré ; il n'en répand plus, lorsqu'il contient la moitié de son poids d'eau.

Action sur l'infusion de tournesol. Comme tous les oxacides très solubles, il la rougit fortement.

Action sur l'économie animale. Très affaibli, l'acide azotique agit comme astringent. Très concentré, il s'empare de toute l'eau qui ramollit les tissus ; dessèche les fibres, à mesure qu'il se combine à l'eau qui les dilatait, il les racornit et les met hors d'état d'exécuter leurs fonctions ; il agit donc comme un poison violent, Nous verrons en outre, dans la chimie animale, qu'il peut décomposer les tissus. Il désorganise la peau presque subitement, et la tache en jaune ; il peut détruire les verrues, etc.

Action du calorique. Soumis à l'action du calorique, il bout et se volatilise (à 86°) ; car tous les oxacides se volatilisent , excepté les deux premiers. A une température plus élevée (à la chaleur rouge) , il se décompose ; car tous les oxacides, à partir de l'acide sélénieux, se décomposent à une température élevée. Les produits de la décomposition sont de l'oxygène et de l'acide hypo-azotique. En effet, on aperçoit des vapeurs jaunes orangées qui sont un indice certain de la présence de ce dernier acide. On conçoit que si l'acide azotique était moins concentré que celui que nous décrivons, il se volatiliserait plus difficilement, puisqu'il serait fixé par une plus grande quantité d'eau. Il pourrait même aisément se volatiliser sans se décomposer.

Il est à remarquer que, comme la chaleur rouge, la lumière décompose l'acide azotique en oxygène et en acide hypo-azotique. Que devient l'acide hypo-azotique résultant de la décomposition ? Puisqu'il est gazeux aux températures ordinaires , il se dégage en partie ; puisqu'il est soluble dans l'eau et dans l'acide azotique , il se dissout en partie dans l'acide azotique non décomposé , et en partie dans l'eau qui est mise à nu par l'acide décomposé ; il colore le mélange en brun rougeâtre ; l'oxygène peu soluble se dégage. La décomposition n'est pas complète : Quelle en est la raison ? A mesure que l'acide azotique se décompose , il abandonne l'eau à laquelle il était combiné ; par conséquent, la proportion d'eau augmente continuellement dans l'acide non décomposé ; bientôt cet acide n'est plus concentré , et la décomposition cesse nécessairement, puisque l'acide azotique n'est décomposé par la lumière qu'autant qu'il est concentré. En effet , l'expérience prouve que l'acide azotique étendu d'eau , c'est-à-dire, fixé par beaucoup d'eau , n'éprouve aucune altération de la part de la lumière.

Action de la pile. Il serait décomposé par la pile.

Action des métalloïdes. — *Oxygène.* L'acide azotique ne porte ce nom que parce qu'il est le plus oxygéné des acides de l'azote : donc il ne se combine , ni à l'oxygène libre , ni à l'oxygène naissant.

L'acide azotique, ayant pour radical celui de tous les métalloïdes qui a le moins d'affinité pour l'oxygène , est décomposé par tous les autres métalloïdes, excepté cependant par le chlore et par le brome. Les décompositions ont lieu à froid par les métalloïdes solides, jusqu'au soufre. A partir de là, la décomposition ne se fait bien qu'autant qu'on élève la température. L'hydrogène, quoique doué d'une grande affinité pour l'oxygène, ne l'enlève cependant à l'acide azotique qu'à l'aide du calorique. Cela vient de ce que l'hydrogène gazeux, très léger, c'est-à-dire, dont les molécules sont écartées par beaucoup de calorique, ne se met presque pas en contact avec l'oxygène qui entre dans la décomposition de l'acide azotique.

L'acide azotique étendu d'une plus grande quantité d'eau, serait plus difficilement décomposé par les métalloïdes ; puisque l'eau (protoxyde d'hydrogène) le fixerait. Si les décompositions avaient lieu à froid, elles seraient lentes ; mais souvent elles ne se produiraient qu'à l'aide du calorique.

Pourquoi le chlore et le brôme qui ont plus d'affinité pour l'oxygène que l'azote, ne décomposent-ils point l'acide azotique ? Il est facile d'en apercevoir la raison, l'acide azotique n'est pas libre ; l'eau qui le retient ne permettrait sa décomposition par ces métalloïdes qu'à une température à laquelle les acides chlorique et bromique résultant de cette décomposition seraient eux-mêmes décomposés.

Action des acides. Comment doit agir sur lui

l'acide sulfurique? L'acide sulfurique ayant plus d'affinité pour les oxydes que l'acide azotique, s'empare nécessairement de l'eau qui est unie à ce dernier et qui lui sert de base. L'acide azotique mis à nu n'étant plus fixé par ce liquide, se décompose en oxygène et en acide hypo-azotique. On sait qu'il se décompose, parce que, incolore précédemment, il devient jaune orangé. On sait qu'il forme de l'acide hypo-azotique, parce que ce dernier acide est jaune orangé.

Action de l'acide sulfureux. Il n'est pas décomposé par l'acide sulfureux; car les acides sélénique, chlorique et azotique ne sont pas décomposés par cet acide. (*Généralités.*)

Les acides phosphoreux, hypo-phosphoreux, hypo-phosphorique le décomposeraient. (*Généralités.*)

Propriété essentielle. Comment reconnaître l'acide azotique? L'acide azotique est le seul qui, en perdant de l'oxygène, puisse devenir acide hypo-azotique. L'acide hypo-azotique seul est jaune orangé.

L'acide azotique est donc le seul des acides qui, en perdant de l'oxgyène, puisse devenir jaune orangé. Par conséquent, si on veut reconnaître qu'un acide est de l'acide azotique, on le traitera par l'un des metalloïdes qui précèdent l'azote; il devra se dégager des vapeurs jaunes orangées.

Extraction. On l'obtient d'un azotate; car tous les acides peuvent s'obtenir de leurs sels. On prend généralement l'azotate de potasse (sel de nitre , salpêtre) qui se trouve abondamment dans la nature. On le fait dissoudre et on le traite par un acide plus fort, l'acide sulfurique nécessairement, qui s'emparant de la potasse met à nu l'acide azotique. Mais l'acide azotique étant très soluble reste en dissolution ; le sulfate de potasse formé reste aussi en dissolution : comment les séparer ? par le moyen déjà employé pour séparer l'acide chlorique , et qu'on met en usage dans tous les cas analogues. Ainsi, on chauffe le mélange d'acide azotique et de sulfate de potasse dans une cornue à laquelle on adapte un ballon; l'acide azotique étant volatil, comme tous les acides liquides , se dégage et se rend dans le ballon , où par le refroidissement il se liquéfie : le sulfate de potasse qui est fixe reste dans la cornue.

Lorsque l'acide azotique est concentré , il se décompose en oxygène et en acide hypo-azotique, à la température à laquelle il se volatilise. Il peut au contraire se volatiliser sans se décomposer, lorsqu'il est uni à de l'eau qui le fixe. On doit donc employer l'acide sulfurique étendu d'eau , ou faire dissoudre dans l'eau l'azotate de potasse.

Si l'on voit se rendre dans le ballon des vapeurs jaunes orangées , qu'en doit-on conclure? que l'acide azotique se décompose en oxygène et en acide hypo-azotique jaune orangé, et que par conséquent il n'y pas assez d'eau dans l'appareil : on en remet.

Voici les phénomènes qui se produisent si l'on ne fait pas dissoudre l'azotate de potasse dans l'eau et qu'on emploie l'acide sulfurique concentré.

Lorsque l'acide sulfurique vient d'être versé sur l'azotate de potasse, et *que l'on commence à chauffer le mélange*, l'acide sulfurique se mettant difficilement en contact avec le sel qui n'est pas encore fondu, ne le décompose qu'en partie ; il n'est mis à nu qu'une petite quantité d'acide azotique qui se trouvant en contact avec beaucoup d'acide sulfurique concentré, se décompose nécessairement en oxygène et en acide hypo-azotique jaune orangé (*Voir l'action de l'acide sulfurique sur l'acide azotique*). *Il doit donc se dégager quelques vapeurs jaunes orangées dans le commencement de l'expérience.*

Bientôt l'azotate entrant en fusion, l'acide sulfurique se trouve en contact avec lui de *molécule à molécule* ; de toutes parts il se combine à la potasse, en abandonnant l'eau à laquelle il était uni et qui étant un oxyde moins fort que la potasse est déplacée par elle. Une quantité d'acide azotique proportionnelle à la quantité de potasse dont l'acide sulfurique s'empare, est mise à nu ; elle s'unit à l'eau abandonnée par ce dernier acide et qui faisait à peu près la cinquième partie de son poids, et le rend assez fixe pour qu'il puisse se volatiliser sans se décomposer. *Lors donc que l'azotate de potasse entre en fusion, les vapeurs jaunes orangés d'acide hypo-azotique disparaissent et sont remplacées par des vapeurs blanches d'acide azotique*. Ces vapeurs se dégagent pendant un temps plus ou moins long selon la quautité du mélange.

Mais comme l'acide azotique en se dégageant entraîne de l'eau, que par conséquent la proportion du liquide diminue graduellement, que d'ailleurs, sa température va en s'élevant, il arrive un moment où l'acide azotique trop concentré se décompose en se volatilisant; par conséquent, à la fin de l'opération, il se produit d'épaisses *vapeurs rouges*; et en raison de l'élévation de température, le mélange se gonfle et tend à passer dans le col de la cornue ; c'est alors qu'on termine l'opération.

Les commençants ne seront en état de comprendre ce qui suit , que lorsqu'ils auront étudié les généralités sur les hydracides.

Il arrive souvent que l'azotate de potasse dont on fait usage, est mélangé *d'un peu* d'hydrochlorate de soude (*sel marin*), composé de soude et d'acide hydrochlorique. L'acide sulfurique par lequel on traite, s'emparant à la fois de la soude et de la potasse met à nu les acides azotique et hydrochlorique. Ces acides réagissent l'un sur l'autre (*voir l'eau régale*); il se produit de l'eau, une petite quantité de chlore et d'acide hypoazotique qui se volatilisant avec l'acide azotique, altèrent sa pureté. L'acide hypo-azotique donne à l'acide azotique obtenu une teinte jaune. Outre le chlore et l'acide hypo-azotique, l'acide azotique contient souvent de l'acide sulfurique ; ce dernier acide est entraîné, par la volatilisation de l'acide azotique et par celle du chlore et de l'acide hypo-azotique.

On purifie l'acide azotique en le distillant de nouveau après y avoir versé une petite quantité d'azotate d'oxyde d'argent.

L'acide hypo-azotique gazeux à 25° se dégage le premier. On sait qu'il est dégagé, lorsque la liqueur, de jaune qu'elle était, est devenue incolore. On adapte à la cornue un autre récipient et l'on recueille les vapeurs qui passent ensuite, car elles sont formées d'acide azotique pur.

Qu'est devenu le chlore ? En contact avec l'azotate d'oxyde d'argent, il s'est emparé de l'argent; car, en général le chlore décompose tous les oxydes en s'unissant à leur métal, et mettant l'oxygène à nu; ce gaz s'est dégagé. Le chlore avec l'argent forme un chlorure d'argent, qui étant insoluble dans l'acide azotique, précipite au fond de la cornue.

Azotate d'oxyde d'argent

chlore
____
chlorure d'argent.

L'acide azotique est mis à nu, et attendu l'élévation de température il se volatilise.

L'acide sulfurique en contact avec l'azotate d'argent l'a également décomposé; plus fort que l'acide azotique, il le déplace, il se forme un sulfate d'oxyde d'argent qui étant insoluble dans l'acide azotique, précipite au fond de la cornue, tandis que l'acide azotique mis à nu, se volatilise.

On cesse la distillation , lorsqu'il ne reste que très peu de liqueur, pour ne pas décomposer les produits qui ont précipité.

ACIDE HYPO-AZOTIQUE.

Etat. Il est liquide sans eau. (*Généralités.*)

Couleur. Sa couleur varie suivant les températures ; ses vapeurs sont jaunes orangées au point d'ébullition (28°); lorqu'elles sont condensées, elles sont *rouges.* Il est tout-à-fait *incolore* à —20°, et comme on doit bien le prévoir, il devient ensuite d'autant plus coloré qu'on approche davantage du point d'ébullition , puisque plus on approche du point d'ébullition, plus ces vapeurs deviennent épaisses. Ainsi à —10, il est légèrement coloré; à 0° il est d'un jaune fauve; de 15 à 28° d'un jaune orangé.

Pesanteur. Il est plus pesant que l'eau ; car tous les oxacides non gazeux sont plus pesants que l'eau.

Etat naturel. Il n'existe dans la nature ni à l'état de liberté ni à l'état de combinaison. (*Généralités.*)

Action de l'eau. Il est très soluble dans l'eau ; car tous les oxacides sont très solubles dans l'eau, excepté les deux premiers qui sont peu solubles.

Jusqu'ici cet acide n'a pu être être combiné aux oxydes; en contact avec eux, il se décompose en acide azotique , en acide azoteux ou en bioxyde d'azote gazeux, qui se dégage ou se combine à l'oxyde, s'il est plus ou moins oxygéné que lui. Par conséquent, en présence d'un oxyde une portion de l'acide hypo-azotique perd de l'oxygène qui transforme la portion non décomposée en acide azotique. La portion qui perd de l'oxygène devient acide azoteux ou bioxyde d'azote.

L'eau étant un oxyde, l'acide hypo-azotique dans l'eau doit présenter des phénomènes analogues à ceux qu'il présente lorsqu'il est en contact avec les oxydes ; en effet, si on le verse dans une grande quantité d'eau, et qu'on agite aussitôt le mélange, il est immédiatement décomposé presque en totalité en bioxyde d'azote qui se dégage et en oxygène qui s'unissant à une portion de l'acide non décomposée, la transforme en acide azotique, lequel se dissout et se combine à la petite quantité d'acide hypo-azotique non décomposé. Le mélange est incolore évidemment, puisqu'il ne contient presque que de l'acide azotique.

Si l'on verse successivement dans une quantité d'eau déterminée diverses proportions d'acide hypo-azotique, il se dégage d'abord beaucoup de deutoxyde d'azote, et la liqueur reste incolore; puis le dégagement de deutoxyde d'azote va toujours en diminuant jusqu'à ce qu'il n'ait plus lieu, bien que l'absorption d'acide hypo-azotique continue ; et l'eau se colore successivement en *bleu verdâtre*, en *vert* qui devient de plus en plus foncé, enfin en jaune orangé.

Comment expliquer la diminution successive

dans le dégagement de deutoxyde d'azote , et les changements de couleur qui l'accompagnent? Lorsque l'on commence à verser de l'acide hypo-azotique dans l'eau , le dégagement de deutoxyde d'azote est considérable ; pourquoi? c'est que , comme nous venons de le dire, il est proportionnel à la quantité d'acide azotique qui se forme , et qu'au moment où l'on verse l'acide hypo-azotique dans l'eau , il se transforme presque entièrement en acide azotique. Le mélange reste incolore, parce que l'acide azotique et l'eau dontil est formé sont incolores.

L'acide hypo-azotique est soluble dans l'acide azotique, d'autant plus soluble que l'acide azotique est plus concentré. Or l'acide azotique augmentant dans l'eau à mesure que l'acide hypo-azotique se décompose, puisqu'il est l'un des produits de sa décomposition, ce dernier acide se dissout en quantité successivement croissante jusqu'à ce qu'il arrive un terme où la dissolution est complète, c'est à dire, où, sans se décomposer, il se dissout à mesure qu'on le verse ; mais par cela même que l'acide hypo-azotique se dissout en quantité d'autant plus considérable, il se décompose en quantité d'autant plus petite, que l'acide azotique devient plus concentré. Le dégagement de deutoxyde d'azote doit donc aller en diminuant d'une manière graduée, jusqu'à devenir nul, puisque la décomposition de l'acide hypo-azotique dont il est le résultat diminue graduellement et finit par devenir nulle.

C'est un fait que le bioxyde d'azote mélangé à l'acide hypo-azotique , le colore successivement en bleu, puis en vert de plus en plus foncé, suivant l'augmentation progressive de la proportion de bioxyde d'azote avec lequel il est en contact et auquel il est combiné. Or, la quantité d'acide hypo-azotique augmentant continuellement dans le mélange, ainsi que nous l'avons dit , cet acide pourra retenir des quantités de bioxyde d'azote successivement plus grandes , en se combinant avec elles. L'acide hypo-azotique sera donc mélangé au bioxyde d'azote en quantités graduellement croissantes; le mélange devra donc passer successivement au bleu , puis au vert de plus en plus foncé.

La coloration *jaune orangée* que prend en dernier lieu la dissolution, est due à l'acide hypo-azotique jaune orangé qui, à la fin de l'expérience, se dissolvant sans se décomposer , doit lui donner sa couleur.

Saveur. Très astringente , caustique ; puisque dans l'eau , il se convertit en acide azotique , se dissout dans cet acide et en augmente la force.

Odeur. Piquante , analogue à celle de l'acide azotique , mais plus prononcée.

Usages. Dans les arts , on s'en sert pour convertir l'acide sulfureux en acide sulfurique.

Action sur l'infusion du tournesol. Comme tous les acides très solubles, il la rougit fortement.

Action du calorique. Le calorique le dilate , puis le décompose. (*Généralités.*)   5.

Action de la pile. Il est décomposé par la pile.
(*Généralités.*)

Action des métalloïdes. Oxygène. L'acide hypo-azotique absorbe le gaz oxygène *humide*, et passe à l'état d'acide azotique. Il est sans action sur le gaz oxygène *sec*.

Les métalloïdes qui précèdent son radical, le décomposent, s'emparent de son oxygène, et le ramènent à l'état de deutoxyde d'azote qui, étant gazeux, se dégage.

Action des oxacides. L'acide sulfureux le décompose; car, etc. Il s'empare d'une partie de son oxygène et devient acide sulfurique. L'acide hypo-azotique privé d'une partie de son oxygène, est ramené à l'état d'acide azoteux. La décomposition ne va pas plus loin, probablement parce que l'acide sulfurique se combine à l'acide azoteux, dès qu'il est formé; peut-être aussi parce que l'acide sulfureux décomposerait plus difficilement l'acide azoteux *moins oxygéné*, que l'acide hypoaz-otique *plus oxygéné*.

Les acides hypo-phosphoreux, phosphoreux et hypo-phosphorique le décomposeraient, comme le fait l'acide sulfureux; car, etc.

L'acide hypo-azotique peut être représenté par *l'acide azoteux plus oxygéné*. Si donc on verse de l'acide hypo-azotique sur de l'acide sulfurique concentré, cet acide se trouve réellement en contact avec de l'acide azoteux: comme il a une grande affinité pour lui, il s'y combine, forme des cristaux blancs de sulfate de bi-oxyde d'azote (acide azoteux) ; l'oxygène mis à nu étant à l'état naissant, s'unit à une portion d'acide hypo-azotique non décomposé, et la convertit en acide azotique qui retient et dissout un peu d'acide hypo-azotique non décomposé, car il se colore en jaune.

Propriété essentielle. Il se reconnaît par sa couleur jaune orangée. (*Généralités.*)

Ce serait perdre son temps que d'apprendre de mémoire l'action de l'acide hypo-azotique sur l'eau et sur les acides. Il faut, à l'aide du raisonnement, prévoir ou négliger ce qui doit arriver dans ces circonstances.

Extraction. Le bi-oxyde d'azote mis en contact avec l'oxygène libre passe immédiatement à l'état d'acide hypo-azotique. On peut donc obtenir directement cet acide.

Expérience. On fait passer deux volumes de bi-oxyde d'azote *sec* et un volume d'oxygène également *sec,* à travers des fragments de porcelaine, afin que ces deux gaz se mélangent, et l'on reçoit l'acide hypo-azotique, résultant de leur combinaison, dans un ballon environné de glace où il se liquéfie. (Voir à l'action de l'acide hypo-azotique sur l'eau, pourquoi l'oxygène et le bi-oxyde d'azote dont on s'est servi dans l'expérience doivent être *secs.*)

On pourrait encore se procurer l'acide hypo-azotique par un moyen analogue à celui qui a été employé pour obtenir l'acide sulfureux, en traitant l'acide azotique par un métal qui aurait plus d'affinité pour l'oxygène que l'azote. (Tous les métalloïdes , excepté ceux de la 6e section , sont dans ce cas.)

Tous les sels dont l'acide , s'il était seul , serait décomposé par le calorique , sont décomposés par le calorique dans leur acide. Or , l'acide azotique étant facilement décomposé par le calorique , lorsqu'il ne contient pas d'eau , ou lorsqu'il en contient peu , les azotates *bien desséchés* seront donc aussi décomposés par le calorique : ils se décomposent en acide hypo-azotique et en oxygène , si la température n'est pas trop élevée. De là un moyen très usité pour obtenir l'acide hypo-azotique.

Après avoir desséché un azotate , on l'introduit dans une cornue : on chauffe légèrement : l'acide de l'azotate se décompose en oxygène et en acide hypo-azotique, qui, attendu l'élévation de température , étant gazeux , se dégage. On fait arriver ces deux gaz dans un ballon environné de glace , adapté au col de la cornue. L'acide hypo-azotique s'y liquéfie; l'oxygène permanent se dégage , si on a eu le soin de ménager une issue au ballon.

Il était utile de dessécher l'azotate dont on est servi , pour empêcher que l'acide hypo-azotique ne s'unît de nouveau dans le ballon avec l'oxygène ; car nous venons de voir que l'acide hypo-azotique se combine avec l'oxygène humide.

Acide azoteux.

On croit, d'après des expériences de M. Gay-Lussac, qu'il existe un acide moins oxygéné que l'acide hypo-azotique, et plus oxygéné que le deutoxyde d'azote.

Il s'unit aux oxydes pour former des sels ; mais on ne l'a jamais isolé. Lorsqu'ayant dissous les azotites dans l'eau, on les traite par un acide plus fort qui s'empare de l'oxyde, l'acide azoteux se décompose en bioxyde d'azote qui se dégage, et en acide hypo-azotique ou azotique qui reste en dissolution dans l'eau où le sel était dissous.

Préparation de l'acide sulfurique.

Nous savons que l'acide sulfureux décompose tous les oxacides placés après lui, excepté les acides sélénique, chlorique et azotique ; qu'il leur enlève de l'oxygène, et devient acide sulfurique. On peut donc obtenir de l'acide sulfurique en mettant l'acide sulfureux en contact avec l'un des oxacides dont le radical est placé après le soufre. Aux autres oxacides, on préfère l'acide hypo-azotique, parce qu'on peut se le procurer à meilleur marché.

Je suppose qu'on fasse arriver l'acide sulfureux et l'acide azotique dans un ballon contenant une petite quantité d'eau (ces deux gaz n'agissent point l'un sur l'autre lorsqu'ils sont secs), le ballon est coloré d'abord, puisque l'acide hypo-azotique est coloré. Bientôt l'acide sulfureux décompose l'acide hypo-azotique, s'empare d'une partie de son oxygène, le ramène à l'état d'acide azoteux et devient acide sulfurique. Comme l'acide azoteux est un oxyde par rapport à l'acide sulfurique plus oxygéné, ces deux acides se combinent par l'intermédiaire de l'eau en petite quantité, et donnent une grande quantité de flocons blancs qui tombent sur les parois du ballon sous forme de petits cristaux.

L'appareil, qui d'abord était jaune orangé, se décolore-t-il, lorsqu'il se forme des cristaux de tritoxyde d'azote? (L'acide azoteux est un tritoxyde d'azote.)

Oui, nécessairement; puisqu'il n'était coloré que parce qu'il contenait de l'acide hypo-azotique, et qu'à mesure que l'acide sulfurique se forme, l'acide hypo-azotique est ramené à l'état d'acide azoteux incolore.

Que peut-il arriver, si l'on verse de l'eau sur les cristaux de sulfate de tritoxyde d'azote? L'acide sulfurique ayant beaucoup d'affinité pour l'eau (protoxyde d'hydrogène), et fort peu pour le tritoxyde d'azote, qui lui-même est un acide, s'empare de l'eau, met l'acide azoteux à nu; et comme l'acide azoteux n'existe point seul, il se transforme en bioxyde d'azote et en acide hypo-azotique (jaune orangé), qui se répand dans le ballon. L'appareil redevient coloré.

Dans l'action mutuelle de l'acide hypo-azotique et de l'eau, il se produit aussi une petite quantité d'acide azotique, qui se mélange avec l'acide sulfurique. (Voir à l'histoire de l'acide azotique son action sur l'eau.)

On voit maintenant que, lorsqu'on veut avoir des cristaux, si l'appareil doit être humide, il ne doit contenir qu'une petite quantité d'eau; s'il en contenait beaucoup, l'acide sulfurique s'en emparerait aussitôt; et comme il ne s'unirait point à l'acide azoteux, il est évident qu'il ne formerait point de cristaux avec lui.

Après qu'on a versé de l'eau dans l'appareil, puisque l'acide azoteux, combiné précédemment à l'acide sulfurique, se dégage et se convertit, en grande partie, en acide hypo-azotique, il ne manque plus dans l'appareil que de l'acide sulfureux pour que l'expérience continue, et qu'il se forme une seconde fois des cristaux d'acide sulfurique et d'acide azoteux, dont on séparerait encore l'acide sulfurique par l'eau, et dont l'acide azoteux se transformerait de nouveau, en grande partie du moins, en acide hypo-azotique et en bioxyde d'azote. D'où il résulte qu'avec une très petite quantité d'acide hypo-azotique, on peut convertir plusieurs fois de l'acide sulfureux, et, par suite, une grande quantité d'acide sulfureux en acide sulfurique.

Comment prouver que l'acide hypo-azotique est, en effet, ramené à l'état d'acide azoteux, et que les cristaux qui se forment sont des cristaux d'acide sulfurique et d'acide azoteux, au lieu d'être formés d'acide sulfurique et de bioxyde d'azote, par exemple ?

C'est un fait que l'acide sulfurique, en contact avec le bioxyde d'azote, ne produit point de cristaux. L'acide hypo-azotique en donnerait, mais ce ne serait qu'au bout de quelque temps ; et il se formerait, de plus et simultanément, de l'acide hypo-azotique. (Voir l'action de l'acide sulfurique sur l'acide hypo-azotique.)

A la fin de l'opération, on trouve l'acide sulfurique formé, en dissolution dans l'eau qui recouvre le sol de la chambre. Cet acide est loin d'être pur : il contient de l'acide sulfureux en excès échappé à l'action de l'acide azotique. On peut prévoir la nature des autres substances auxquelles il est mélangé. Par exemple, il contient beaucoup d'eau, toute celle qui recouvrait le sol de la chambre.

Comment agit l'acide hypo-azotique en contact avec une grande quantité d'eau ? Il se décompose, se convertit en partie en acide azotique et en partie se dégage à l'état de bioxyde d'azote. (*Voir l'action de l'acide hypo-azotique sur l'eau.*) Dans la chambre, de l'acide hypo-azotique s'est trouvé en contact avec une grande quantité d'eau, celle qui recouvrait le sol ; donc il a dû s'y former du bioxyde d'azote et de l'acide azotique. L'eau qui tient en dissolution l'acide sulfurique, contient

donc aussi de l'acide azotique. De l'acide sulfureux , de l'eau, et par suite de l'acide azotique ,
voilà les trois substances que nous rencontrons
dans l'acide sulfurique de la chambre.

Les parois de cette chambre dans laquelle est
arrivée une grande partie de l'acide hypo azotique, sont revêtues de plomb, métal qui, comme
tous ceux des cinq premières sections , ayant
beaucoup plus d'affinité pour l'oxygène que l'a-
zote, a dû s'oxyder en enlevant de l'oxygène à
l'acide hypo-azotique ramené nécessairement à
l'état de bioxyde d'azote. Qu'est devenu l'oxyde
de plomb? En contact avec l'acide sulfurique , il
a dû se combiner à lui et former du sulfate de
plomb. L'acide sulfurique contient donc encore
du sulfate de plomb.

Le deutoxyde d'azote mis à nu dans l'oxydation
du plomb et dans le contact de l'eau et de l'acide
hypo-azotique , étant en contact avec l'air de la
chambre, sera revenu à l'état d'acide hypo-azotique et se sera ajouté à celui qui s'y trouvait déjà

Lorsque le soufre dont on se sert a été obtenu d'un bisulfure de fer (*voir l'extraction du
soufre*), il retient un peu de sulfure de fer. Ce
sulfure qui, à une température élevée, a été en
contact avec l'oxygène de l'air de la chambre,
a dû se convertir en sulfate de per-oxyde de
fer. Entraîné par la volatilisation des gaz , il se
trouve avec le sulfate de plomb, dans l'eau qui
dissout l'acide sulfurique et qui doit elle-même
contenir des sels en dissolution.

Purification de l'acide sulfurique.

De ces produits, les trois premiers : l'eau, l'acide sulfureux et l'acide azotique, sont beaucoup plus volatils que l'acide sulfurique. L'eau se volatilise à 100°, l'acide azotique à 150°; l'acide sulfureux est gazeux aux températures ordinaires; l'acide sulfurique, au contraire, ne se volatilise qu'à 300° ; les autres produits ne sont pas volatils. On peut donc facilement séparer les trois premiers produits en chauffant, par exemple, jusqu'à 250°. Cependant l'acide sulfurique retient toujours une petite quantité d'eau à laquelle il est combiné, car il peut se volatiliser sans l'abandonner. On sépare la majeure partie de l'eau et tout l'acide sulfureux, en chauffant l'acide de la chambre dans des chaudières en plomb, jusqu'à ce qu'il marque 55° environ à l'aréomètre de Beaumé.

Ensuite, on introduit l'acide sulfurique dans des cornues qui peuvent supporter une plus forte chaleur que les chaudières en plomb (des cornues de verre ou de grès), et l'on cesse de chauffer, lorsque l'acide marque 66° à l'aréomètre. Alors il a perdu tout l'acide azotique et une nouvelle quantité d'eau ; très peu d'acide sulfurique s'est volatilisé ; en sorte que l'acide se concentre en même temps qu'il se purifie.

Si l'on n'introduit pas immédiatement l'acide sulfurique dans les cornues de grès ou de verre, c'est probablement qu'étant mélangé d'abord à une très grande quantité d'eau, il faudrait, pour faire l'opération, une trop grande quantité de cornues.

Lorsque l'acide sulfurique est arrivé à ce degré de concentration, il ne contient plus assez d'eau pour dissoudre le sulfate de fer, qui précipite sous forme de poudre blanche. On décante, et on obtient l'acide tel qu'il s'emploie dans toutes les opérations des arts. Mais il ne serait pas propre à toutes les opérations de chimie.

Le sulfate de plomb et les sels qui proviennent de l'eau et que l'acide sulfurique contient encore, sont fixes, comme le sont, en général, tous les sels : l'acide sulfurique est volatil. On le sépare en le distillant dans une cornue. On se sert habituellement d'une cornue de verre, au col de laquelle on adapte un ballon. On chauffe *graduellement* jusque vers la température de 300°. L'acide sulfurique se dégage sous forme de vapeurs épaisses, qui se condensent dans le ballon. Les sels fixes restent dans la cornue, ou ne sont entraînés par l'acide qu'en très petite quantité.

Lorsque l'acide sulfurique est près de bouillir, les vapeurs qui se forment au fond du vase écartant difficilement le liquide placé au-dessus d'elles, attendu sa consistance oléagineuse, s'accumulent au lieu de se dégager ; et s'il arrive une élévation brusque de température, le calorique qu'elles reçoivent et les nouvelles vapeurs qui se forment et qui viennent s'ajouter à elles, augmentant tout-à-coup leur tension, elles soulèvent la masse du liquide qui les surmonte, la jettent sur les parois qu'il leur arrive souvent de briser. Ce phénomène qu'on nomme soubresaut s'évite en

prenant des précautions pour chauffer progres-
sivement , et sur-tout en mettant dans le liquide
quelques tiges de métal , le long desquelles la vapeur s'échappe à mesure qu'elle se forme , ou
quelques fragments d'une substance solide, angu-
leuse quelconque , des fragments de verre, par
exemple. La vapeur qui se produit autour de ces
corps, s'accumulant à leur pointe, et exerçant son
effort dans la seule partie du liquide opposée
directement à cette pointe, y acquiert toujours une
tension capable de vaincre la résistance opposée
par ce liquide , et se dégage en se ménageant une
issue régulière et permanente ; ce qui n'arrivait
pas lorsque les vapeurs étaient disséminées sur
toute la surface de la base de la cornue.

ERRATA.

2e Leçon.

Page 24 ligne 1re au lieu de *selenium*, lisez : *silicium*.

5e Leçon.

5 ligne 6, au lieu de *car les quatre premiers et le dernier des
oxacides se trouvent*, etc. , lisez : *car l'acide le plus oxygéné de chacun des cinq premiers et du dernier des métalloïdes se trouve.*

6 après *propriété essentielle* , ajoutez : *d'ailleurs seul de tous
les oxacides métalloïdiques, il est insoluble.*

8 ligne 11 , au lieu de *car les quatre premiers et le dernier des
oxacides existent*, lisez : *car l'acide le plus oxygéné de
chacun des cinq premiers et du dernier des métalloïdes
existe.*

19 ligne 14 , après *la portion quadruple d'acide phosphoreux ,*
mettez une virgule.

34 ligne 3 du second alinéa, après *car il bout à — 10 ,* mettez
point et virgule.

Articles oubliés par l'imprimeur; ils doivent être placés entre le paragraphe premier et le paragraphe deux de la page 73 des Oxacides (1).

Dans les arts, on se procure avec économie l'acide sulfureux et l'acide hypo-azotique employés à former l'acide sulfurique.

Dans une chambre revêtue de plomb et dont le sol est recouvert d'eau, l'on chauffe du soufre et de l'azotate de potasse (on trouve avantageux de prendre 8 parties de soufre et 1 d'azotate de potasse). Les corps simples agissant sur un acide combiné, comme ils agiraient sur cet acide libre, le soufre dont l'affinité pour l'oxygène est bien plus grande que celle de l'azote, décompose l'acide du sel en bi-oxyde d'azote et en oxygène, lequel à l'état naissant se combine au soufre et le fait passer à l'état d'acide sulfurique; celui-ci, plus fort que l'acide azotique, le déplace, et à mesure qu'il se produit s'empare de la potasse de l'azotate, jusqu'à ce qu'elle en soit saturée. On obtient ainsi du sulfate de potasse solide et non volatil, comme tous les sels en général. Le bi-oxyde d'azote gazeux se dégage, et se combinant avec l'oxygène de l'air de la chambre passe à l'état d'acide hypo-azotique (*V*. page 68).

(1) Dans les laboratoires, l'on obtient l'acide sulfureux et l'acide hypoazotique dont on a besoin pour faire de l'acide sulfurique en enlevant de l'oxygène aux acides sulfurique et azotique, à l'aide du cuivre, métal qui a plus d'affinité pour l'oxygène que le soufre et l'azote.

L'on peut se servir de deux fioles : Dans l'une on introduit de la tournure de cuivre et de l'acide sulfurique (il faut chauffer le mélange); dans l'autre, de l'acide azotique et de la tournure de cuivre; il se dégage de cette dernière du bi-oxide d'azote qui, absorbant l'oxygène de l'air de l'appareil, devient acide hypoazotique. L'on adapte à chacune de ces fioles un tube recourbé qui va se rendre dans un ballon contenant une très petite quantité d'eau (*V*. p. 32 et 68).

Comme la quantité de soufre qu'on a mis en contact avec l'azotate de potasse, est beaucoup plus que suffisante pour le décomposer, toute la proportion de soufre en excès se trouvant à une température élevée, en contact avec l'oxygène de l'air, l'absorbe et se transforme en acide sulfureux.

Ainsi la chambre contient de l'acide sulfureux, de l'acide hypo-azotique, de l'eau; il doit donc s'y former de l'acide sulfurique, puisque les conditions nécessaires pour que l'acide sulfureux et l'acide hypo-azotique réagissent l'un sur l'autre, sont réunies.

OXYDES.

AVIS AU LECTEUR QUI VEUT APPRENDRE.

Il est, selon moi, très important de n'étudier les matières contenues dans les paragraphes et les renvois marqués d'une étoile que lorsqu'on sait parfaitement l'ensemble de la chimie minérale. Les faits concernant des corps inusités, et les procédés économiques particuliers que contiennent ces renvois, d'un intérêt très secondaire pour l'étudiant, sont facilement appris par celui qui sait la science, c'est-à-dire les lois et les faits généraux desquels tout le reste découle ; ils empêchent celui qui ne sait pas d'apercevoir la liaison des faits généraux.

J'ai marqué d'un trait (—) les paragraphes dont il est indispensable de *savoir* le contenu. Il est utile cependant de lire les paragraphes non marqués.

Quant à l'explication des faits; elle ne doit jamais être l'objet d'une étude particulière, elle doit relier les faits entre eux, les *faire prévoir* ou les rendre faciles à retenir.

COURS DE CHIMIE.

6ᵉ Leçon. 25 Septembre 1835.

OXYDES.

L'absorption de l'oxygène par les métaux est modifiée par l'action du calorique.

Je suppose qu'à la température de la glace fondante, on introduise tous les métaux dans l'oxygène sec, il en est fort peu qui se combineront à lui. Si pendant leur contact avec l'oxygène, on les soumet à l'action du calorique, on trouve une température différente pour chacun d'eux, à laquelle presque tous s'oxydent. Si l'on chauffe d'avantage, jusqu'à la température du chalumeau à gaz hydrogène, par exemple, quelques-uns perdent tout l'oxygène qu'ils avaient pris, et parmi ceux qui en conservent, il n'en est point qui reste à un degré d'oxydation plus élevé que celui de *protoxyde*, excepté peut-être l'étain et le potassium.

Ainsi *le calorique favorise l'absorption de l'oxygène par les métaux jusqu'à une certaine*

1.

température seulement, au-delà il agit comme cause décomposante, il sépare ou tend à séparer l'oxygène du métal.

Explication. Ce double effet du calorique se conçoit aisément. Les corps se combinent avec d'autant plus de facilité qu'ils sont en contact plus divisés et plus condensés; or, à mesure qu'on élève la température d'un métal, on introduit entre ses molécules du calorique qui les écarte, et permet à l'oxygène de se trouver en contact avec elles dans un plus grand état de division.

D'un autre côté, les molécules d'oxygène très écartées par le calorique introduit entre elles, exercent une pression proportionnelle à cet écartement (et par conséquent à l'élévation de température à laquelle elles sont soumises), d'une part contre les parois des vases qui les renferment, d'autre part contre le métal qu'elles environnent; en sorte que *les gaz soumis à l'action du calorique en contact avec un métal exercent contre ce métal une pression analogue à celle qui a lieu lorsqu'ils se trouvent condensés autour de lui* (1). La combinaison des métaux avec l'oxygène est donc favorisée jusqu'à un certain point par l'élévation de température.

Mais si la chaleur devient trop intense, le

---

(1) Voyez page 5, 3ᵉ leçon.

calorique s'introduit entre les parties elles-mêmes qui se sont combinées ; c'est-à-dire entre les molécules oxygène et les molécules métal ; il les repousse avec une force qui croît avec le degré de chaleur, et comme l'affinité qui les retient n'augmente point, qu'elle diminue, au contraire, avec l'écartement, il faut bien qu'il arrive un terme où cette affinité soit vaincue, et où l'oxygène gazeux se dégage ; *il y a par conséquent un degré de chaleur passé lequel le calorique concourt à la décomposition des corps.*

Conséquences. De ce que jusqu'à un certain degré de chaleur le calorique favorise l'oxydation, il résulte, que celui des métaux qui s'oxyde à la température la plus basse, est celui qui a le plus d'affinité pour l'oxygène, puisque, pour s'y unir, il a le moins besoin du concours du calorique ; réciproquement, le métal qui ne s'oxyde qu'à la température la plus élevée, est celui de tous ceux qui peuvent absorber directement l'oxygène, celui qui a le moins d'affinité pour lui, puisque pour s'y combiner, il a le plus besoin du concours du calorique.

Le calorique, passé une certaine température différente pour les différents métaux, agit comme cause de décomposition, dont l'intensité croît avec le degré de chaleur ; par conséquent le métal qui se désoxyde le plus tôt est celui qui a le moins d'affinité pour l'oxygène, car il est celui dont l'affinité cède à la force la plus faible ; et réciproquement le métal qui abandonne à la température la plus élevée son oxygène, est celui qui a le plus d'affinité pour ce gaz, car pour le lui faire perdre, il faut employer la force la plus puissante.

Toutes choses égales d'ailleurs, celui des métaux qui a le plus d'affinité pour l'oxygène, est donc celui qui s'oxyde à la température la plus basse, et qui garde son oxygène à la température la plus élevée. Au reste, il ne faut pas oublier que *les affinités sont réciproques,* et que le métal qui a le plus d'affinité pour l'oxygène est aussi le métal pour lequel l'oxygène a le plus d'affinité (le mot affinité signifie pour moi, *tendance à s'unir :* il ne représente pas une cause ; c'est l'expression d'un fait).

Classification des corps simples.

D'après leur affinité pour l'oxygène *libre*, les corps simples peuvent être partagés en trois classes.

Ils absorbent ou n'absorbent pas l'oxygène.

Ceux qui l'absorbent, en gardent ou n'en gardent pas à la température la plus élevée.

Parmi les métaux qui absorbent l'oxygène libre, il en est qui, malgré le calorique de la température la plus élevée, gardent une partie de l'oxygène qu'ils ont pris à des températures inférieures, et restent protoxydes; ils forment une première classe (1).

D'autres métaux laissent dégager à la température la plus élevée tout l'oxygène qu'ils ont pris à des températures inférieures, et par conséquent ne l'absorbent plus au plus haut degré de chaleur s'ils n'en ont pas. Ces métaux qui perdent tout leur oxygène à un degré de chaleur auquel ceux de la première classe en conservent, ont par cela même moins d'affinité que ceux-ci pour l'oxygène; ils font une deuxième classe.

Enfin, les métaux qui n'absorbent l'oxygène libre à aucune température, ayant évidemment moins d'affinité pour l'oxygène que ceux des deux classes précédentes, constituent une troisième classe.

On sait que l'eau est un *protoxyde d'hydrogène;* si un métal a plus d'affinité pour l'oxygène de l'eau que l'oxygène n'en a pour l'hydrogène, qu'arrive-il? ce métal s'oxyde en prenant l'oxygène de l'eau dont l'hydrogène

---

(1) De ce que ces métaux gardent à la plus haute température la quantité d'oxygène qui les rend protoxydes, on doit conclure que la force de décomposition du calorique de la température la plus élevée n'est pas suffisante pour neutraliser l'affinité qu'ils ont pour la quantité d'oxygène qui les rend protoxydes, et, par conséquent, que s'ils n'avaient pas d'oxygène ils en absorberaient à la température la plus élevée, et deviendraient protoxydes.

devenu libre se dégage : l'eau est décomposée (1).

De ce que jusqu'à une certaine température le calorique favorise l'absorption de l'oxygène par les métaux, il résulte que ceux qui décomposent l'eau à la température la plus basse, doivent être ceux qui ont le plus d'affinité pour l'oxygène, puisqu'ils sont ceux qui, pour l'enlever à l'hydrogène ont le moins besoin de l'aide du calorique.

Il est évident aussi, que les métaux qui décomposent l'eau (c'est-à-dire enlèvent l'oxygène à l'hydrogène), à la température la plus élevée, ont cependant encore plus d'affinité pour l'oxygène que ceux qui à aucune température ne peuvent la décomposer, c'est-à-dire enlever l'oxygène à l'hydrogène.

Les métaux de la première classe sont très nombreux ; comme ils agissent sur le protoxyde d'hydrogène de quatre manières qui indiquent leur affinité relative pour l'oxygène, on les a divisés en quatre groupes ou sections, dans chacune desquelles on réunit ceux dont l'action est analogue.

---

(1) On reconnaît qu'un métal décompose l'eau, à ce que, introduit dans ce liquide privé d'air, il s'oxyde, augmente de poids et surtout au dégagement d'hydrogène, qui, aussi faible qu'on puisse le supposer, est appréciable, attendu le grand volume que prend ce gaz en devenant libre.

Ire CLASSE. Métaux qui absorbent l'oxygène libre à la température la plus élevée. 4 sections :

Ire SECTION. Métaux qui s'emparent, à la température ordinaire, de l'oxygène de l'eau dont l'hydrogène, devenu libre, se dégage avec effervescence. 6 métaux :
Potassium. Sodium. Lithium. Barium. Strontium. Calcium.

IIe SECTION. Métaux qui décomposent l'eau, mais seulement à la température de l'eau bouillante, ou même de 100 à 200°. 4 métaux :
Magnésium. Glucynium. Yttrium. Aluminium.

IIIe SECTION. Métaux qui décomposent l'eau ; mais la décomposition n'a lieu qu'au degré de la chaleur rouge. 11 métaux :
Manganèse. Zinc. Fer. Nickel. Cobalt. Cadmium. Étain. Hydrogène. Bore. Silicium. Carbone.

IVe SECTION. Métaux qui n'ont d'action sur l'eau ni à froid ni à chaud. 17 métaux :
Zirconium. Thorium. Cerium. Plomb. Bismuth. Urane. Cuivre. Titane. Columbium. Tellure. Antimoine. Tungstène. Molybdène. Vanadium. Chrome. Arsenic. Phosphore.

IIe CLASSE. Métaux qui n'absorbent l'oxygène que jusqu'à une certaine température, passé laquelle ils laissent dégager celui qu'ils avaient absorbé. Une seule sect.

Ve SECTION. Métaux qui n'ont d'action sur l'eau ni à froid ni à chaud évidemment, puisque ceux de la quatrième section, qui ont plus d'affinité pour l'oxygène, ne la décomposent pas. 4 métaux :
Mercure. Osmium. Soufre. Sélénium.

IIIe CLASSE. Les métaux de cette classe n'absorbent l'oxygène libre à aucune température ; ils ne font qu'une section.

VIe SECTION. Métaux qui à plus forte raison que les précédents, ne décomposent l'eau ni à froid ni à chaud, puisqu'ils n'absorbent pas même l'oxygène libre. 6 métaux :
Argent. Palladium. Rhodium. Platine. Iridium. Or. Iode. Brome. Chlore. Phtore. Azote. Oxygène naissant.

Décomposant l'eau.

Sans action sur l'eau.

Le partage des corps simples en six sections, dont affinité pour l'oxygène est différente, est donc fondé sur deux caractères : leur affinité *pour l'oxigène libre*, leur l'affinité *pour l'oxygène combiné à l'hydrogène à l'état d'eau.*

Observations sur la place qu'occupent certains corps dans la classification.

Bien que placé dans la troisième section, *l'hydrogène* ne décompose pas l'eau (protoxyde d'hydrogène), on devait le prévoir ; l'hydrogène ne peut pas enlever l'oxygène à l'hydrogène. En général, *un corps simple ne décompose jamais son protoxyde* ; car pour qu'il pût le décomposer, il faudrait qu'il eût plus d'affinité pour l'oxygène que lui-même, ce qui est absurde.

L'hydrogène n'en doit pas moins être placé avant le bore et le charbon. Car le but qu'on se propose en faisant agir les corps simples sur l'eau, est de connaître leur affinité respective pour l'oxygène, et si la classification déjà ancienne des métalloïdes est fondée, l'hydrogène a, *en général*, plus d'affinité pour l'oxygène que le bore et le charbon : il nous sera d'ailleurs facile de le vérifier.

Je range *le soufre et le sélénium* dans la cinquième section après l'osmium. En effet, ils ne décomposent l'eau ni à froid ni à chaud, et si l'on n'a pas décomposé les acides sélénieux et sulfureux (1), c'est parce que, étant gazeux, ils passent rapidement dans l'alonge qui sert à faire l'expérience et ne sont exposés que quelques instants à l'action d'une température élevée; ce qui prouve la vérité de cette assertion, c'est que si l'on chauffe un sulfite, c'est-à-dire de l'acide sulfureux devenu *solide*, *bien que fixé par une base*, il est décomposé (*V. les généralités sur les Oxacides*).

L'*iode*, le *brome*, le *chlore* et l'*azote* n'absorbent l'oxygène libre à aucune température : tous leurs oxydes sont facilement décomposés par le calorique : ils appartiennent par conséquent à la sixième section.

Il est vrai que l'iode et le chlore décomposent l'eau; mais ce n'est pas par leur affinité pour l'oxygène, car le soufre et le sélénium, qui ont plus d'affinité qu'eux pour l'oxygène, ne la décomposent pas : on voit bien d'ailleurs que, puisqu'ils n'ont pas assez d'affinité pour l'oxygène pour s'unir à lui lorsqu'il est libre, à plus forte raison, ils ne peuvent enlever l'oxygène *combiné* à un métal. S'ils décomposent l'eau, c'est donc uniquement par leur affinité pour l'hydrogène; aussi, dans la décomposition par le chlore, ne se forme-t-il que de l'acide hydrochlorique; l'oxygène mis à nu se dégage; et si avec l'iode l'on obtient de l'acide hydriodique et un peu

---

(1) *Voy.* les oxacides, pag. 8, 4ᵉ leçon.

d'acide iodique, c'est que l'oxygène séparé se combine à l'état naissant avec l'iode en excès.

Action de l'oxygène sec ou humide sur les métaux à froid.

— Il n'y a que les métaux de la première section qui absorbent à froid l'oxygène *sec*.

Ceux de la deuxième, de la troisième et de la quatrième section ne l'absorbent à froid que lorsqu'il est *humide* ou *dissout*; à l'air, par exemple, ils s'oxydent. L'oxygène humide se combine donc plus facilement que l'oxygène *sec*. Nous verrons (Leçon des hydracides) que l'hydrogène se comporte d'une manière analogue.

Voici, selon moi, la raison de ces faits : Les molécules des gaz *secs*, très écartées par le calorique, ne sont en contact avec les corps que dans fort peu de points et pendant quelques instants seulement, car elles sont extrêmement mobiles. Lorsque les gaz sont humides ou dissous, leurs molécules sont environnées et séparées par une moins grande quantité de calorique; *plus condensés*, ils touchent les corps plus immédiatement, dans un plus grand nombre de points et plus long-temps, puisque leurs molécules sont moins mobiles. Les gaz humides ou dissous doivent donc, en général, se combiner avec plus de facilité que lorsqu'ils sont secs.

— L'oxygène, lors même qu'il est humide, n'est point absorbé à froid par les métaux de la cinquième section, ni à plus forte raison par ceux de la sixième.

Conséquences de la classification des corps par ordre d'affinité pour l'oxygène (1).

Que l'on soumette à l'action de la pile un composé quelconque d'oxygène et d'un autre corps simple, l'oxygène se porte au pôle vitré et le corps simple au pôle résineux. Comme les électricités qui s'attirent sont de nature différente, on doit conclure que l'oxygène se rendant toujours au pôle vitré, est résineux par rapport à tous les corps simples et que ceux-ci sont vitrés par rapport à lui.

Les corps n'ont de l'affinité que parce qu'ils ont des électricités différentes.

Tous les corps composés étant soumis à l'action de la pile, leurs éléments se portent à des pôles différents, ce qu'on ne peut expliquer sans admettre que les corps élémentaires ont en général des électricités différentes. Si les corps élémentaires sont environnés d'électricités différentes, ils s'attirent nécessairement, et peuvent se combiner, puisque des électricités différentes s'attirent. De là l'explication des affinités.

____

(1) Pour comprendre avec facilité ces raisonnemens, il est utile d'avoir continuellement sous les yeux le tableau de la classification.

Les corps d'une section doués de plus d'affinité pour l'oxygène que ceux d'une section inférieure, sont aussi et par cela même plus vitrés que ceux de cette section.

Si les corps n'ont de l'affinité que parce qu'ils ont des électricités différentes, ceux qui ont le plus d'affinité doivent être ceux dont les électricités diffèrent davantage. Donc les corps d'une section ayant, ainsi que nous l'avons reconnu, plus d'affinité pour l'oxygène (résineux relativement à tous les corps simples), que ceux d'une section inférieure, sont plus vitrés que ceux de cette section; car ce n'est que parce qu'ils sont plus vitrés que ceux d'une section inférieure, qu'ils ont plus d'affinité pour l'oxygène résineux, que ceux d'une section inférieure. L'expérience prouve qu'en effet les corps d'une section sont plus vitrés que ceux de la section suivante.

Nous avons reconnu que les corps d'une section ont plus d'affinité pour l'oxygène que ceux d'une section inférieure; mais nous ne savons pas quel est pour l'oxygène l'ordre d'affinité des corps d'une même section.

—Les corps ne sont pas rangés arbitrairement dans chaque section, ils sont placés d'autant plus haut qu'ils sont plus vitrés, d'où il suit, l'oxygène étant résineux, que, toutes choses égales d'ailleurs, *plus un corps est placé haut dans chaque section , plus il a d'affinité pour l'oxygène ,* et comme en outre les corps d'une section ont plus d'affinité pour l'oxygène que ceux d'une section plus rapprochée de ce métalloïde, on doit conclure que les corps sont rangés de manière que plus ils sont loin de l'oxygène, plus ils ont d'affinité pour lui, et par conséquent aussi de manière qu'ils sont placés d'autant plus loin de ce métalloïde, qu'ils sont plus vitrés.

A quelques exceptions près, cette classification par ordre d'électricités que je fais *à priori* est conforme à celle que Berzélius a faite d'après ses expériences. Plus loin, je dirai pourquoi elles diffèrent en certains points.

Tous les corps vitrés relativement à l'oxygène, d'autant plus vitrés qu'ils sont plus loin de lui dans la classification, ne sont point cependant essentiellement vitrés; qu'on les compare au potassium, le plus vitré des corps simples, tous sont résineux, d'autant plus résineux qu'ils sont placés plus bas, d'où il suit que moins ils sont vitrés, plus ils sont résineux, et qu'en général tout corps est résineux par rapport à ceux qui sont moins résineux que lui, c'est-à-dire, à ceux qui sont placés au-dessus de lui; tout corps est vitré relativement à ceux qui sont moins vitrés, c'est-à-dire à ceux qui sont placés au-dessous de lui.

Aucun corps n'est donc essentiellement vitré ,

aucun n'est essentiellement résineux, mais deux corps qui ont la même électricité en proportions différentes, s'attirent et se comportent en toutes circonstances comme s'ils avaient des électricités différentes, en sorte que *de deux corps vitrés par rapport à un autre, à l'oxygène, par exemple, le moins vitré est résineux à l'égard de l'autre.*

Il suit de là 1° que tous les corps simples étant inégalement vitrés, ont par cela même des électricités différentes les uns à l'égard des autres, et par conséquent, que *tous ont de l'affinité les uns pour les autres et peuvent se combiner* : c'est en effet ce que l'expérience démontre.

L'hydrogène, le bore, le silicium et le carbone seuls se combinent difficilement avec les métaux; l'hydrogène parce qu'on ne l'emploie pas condensé; les trois autres, parce que, *infusibles et fixes*, ils se trouvent difficilement très divisés, en contact avec ces corps.

Il en résulte 2° que les corps placés au-dessous du plomb, par exemple, étant moins vitrés que lui, sont par cela même résineux par rapport à lui, d'autant plus résineux qu'ils sont moins vitrés, c'est-à-dire qu'ils sont placés plus bas , et comme plus un corps est résineux relativement à un autre, plus il a d'affinité pour lui, les corps placés au-dessous du plomb (vitré), ont, toutes choses égales d'ailleurs, d'autant plus d'affinité pour ce métal, qu'ils sont placés plus loin au-dessous de lui.

Les corps rangés au-dessus du plomb sont plus vitrés que lui, il est par conséquent résineux relativement à eux. Ces corps rangés au-dessus du plomb (résineux), sont d'autant plus vitrés qu'ils sont placés plus loin au-dessus de ce métal, ils ont par conséquent d'autant plus d'affinité pour lui qu'ils sont placés plus loin au-dessus de lui.

— Ainsi, que les corps soient placés au-dessous du plomb, qu'ils soient placés en dessus, ils ont d'autant plus d'affinité pour ce métal qu'ils en sont plus loin, et comme les raisons qui démontrent cette loi à l'égard du plomb, la démontreraient à l'égard de toute autre substance, il en résulte, si l'on considère ce que j'avais déjà prouvé concernant l'oxygène, *que deux corps ont d'autant plus d'affinité l'un pour l'autre, qu'ils sont placés plus loin l'un de l'autre dans la classification.*

Résultat important duquel nous pourrons déduire plus de faits *jusqu'ici isolés* et *appris de mémoire* qu'il ne pourrait en contenir dans un fort volume in-octavo; savoir : l'action que tous ceux des corps simples qui ne sont pas très rares exercent les uns sur les autres, sur les oxacides, sur les oxydes, sur les hydracides, sur les composés en ure, sur les sels.

Les oxydes ont en général des électricités différentes qu'ils tiennent de leurs élemens.

Tout le monde sait que des quantités égales

ajoutées à des quantités différentes, font des som-
mes qui diffèrent comme les quantités inégales
qui ont concouru à les former.

Si donc l'on suppose que tous les corps simples
absorbent des quantités égales d'oxygène (résineux) pour devenir protoxydes, ces quantités
égales de principe résineux s'ajoutant à des corps
inégalement résineux forment des oxydes ayant
chacun l'électricité de leur radical, c'est-à-dire
que chacun de ces oxydes sera vitré relativement
à tous ceux qui seront placés au-dessous de lui, et
résineux par rapport à ceux qui seront au-dessus;
par conséquent chacun d'eux ayant une électricité
différente de celle de tous les autres pourrait se
combiner à tous les autres.

Mais l'expérience démontre que les *protoxydes
sont formés de quantités très inégales d'oxygène.*
Il est possible dès-lors qu'un corps simple, A par
exemple, quatre fois moins résineux qu'un autre
corps B, absorbe quatre fois autant d'oxygène que
le premier et forme un oxyde aussi résineux que
celui du corps A, et par cela même incapable de
se combiner avec lui. Mais on conçoit aisément
que cet état d'équilibre électrique doit être bien
rare, si tant est qu'il existe, aussi le nombre des
oxydes qui ne se combinent pas aux autres, dimi-
nue-t-il à mesure que l'on fait de nouvelles expériences.

L'influence des quantités d'oxygène qu'absorbent les corps simples n'est pas telle non plus que les protoxydes des métaux des premières sections, ne soient très vitrés relativement aux oxydes des corps simples des deux premières sections, surtout à ceux d'un degré supérieur.

Oxacides, oxydes, sels.

Lorsque deux composés chacun d'oxygène et d'un corps simple se combinent, celui qui est vitré par rapport à l'autre se nomme oxyde, celui qui est résineux se nomme acide, le composé est un sel.

— *Oxacides.* Les composés d'oxygène et d'un corps simple que l'on désigne *spécialement* sous le nom *d'acides*, parce qu'en général ils ont une saveur aigre, attendu qu'ils se combinent avec l'eau, sont des oxydes qui, soit parce qu'ils contiennent beaucoup de l'élément le plus résineux, l'oxygène, soit parce que leur radical est très résineux, sont résineux relativement à un très grand nombre d'oxydes.

Il suffit de jeter un coup-d'œil sur les composés d'oxygène et d'un corps simple appelés oxacides pour reconnaître qu'en effet tous sont très oxygénés, et pour radical ont un corps simple très résineux, pour la plupart un corps simple des deux dernières sections.

— *Oxydes.* Les composés d'oxygène et d'un corps simple que l'on désigne *spécialement* sous le

nom *d'oxyde* sont ceux qui , soit parce qu'ils contiennent peu d'oxygène , soit surtout parce que
leur radical est très vitré , sont eux-mêmes vitrés
relativement à un très grand nombre de composés
d'oxygène et d'un corps simple , principalement
à ceux des deux dernières sections.

C'est pour cela que les corps particulièrement
désignés sous le nom d'oxyde sont les composés
d'oxygène et de corps simple des trois premières
sections et ceux de la moitié supérieure de la
quatrième.

Mais il en est des oxacides et des oxydes comme
des corps simples , aucun n'est essentiellement
oxyde , aucun n'est essentiellement acide , un
oxyde devient acide, ou, comme on le dit, joue le
rôle d'acide relativement à un autre oxyde plus
vitré que lui , ou acide joue le rôle d'oxyde si
on le met en contact avec un acide plus résineux
que lui.

— *L'acide le plus fort* , c'est-à-dire celui qui
étant le plus résineux , a le plus d'affinité pour
les oxydes ou composés vitrés , n'est pas nécessairement, comme il le semble au premier abord ,
celui dont les éléments sont le plus résineux , il
faut tenir compte des quantités d'oxygène : un
exemple , le soufre est moins résineux que le
chlore et par cela même ce dernier a moins d'affinité pour l'oxygène que le soufre, il peut donc
arriver que la quantité beaucoup plus grande d'o-

xygène que le soufre absorbe, compensant ce que le chlore avait de plus résineux, l'acide du soufre soit plus résineux que celui du chlore.

L'acide le plus fort de ceux que peut former *un même corps* avec l'oxygène, est celui qui contient le plus d'oxygène ; car, par cela même qu'il contient plus d'oxygène que les autres acides du même radical, il est plus résineux qu'ils ne le sont et jouit d'une plus grande affinité pour les acides ou composés vitrés.

Ceci nous explique pourquoi les acides sélénique, chlorique, azotique, sont plus intimement fixés par l'eau que les acides sélénieux, chloreux et hypo-azotique (*V*. pag. 16 des oxacides).

— *L'oxyde le plus fort* n'est pas nécessairement celui dont le radical est le plus vitré, il faut aussi tenir compte des proportions de l'élément résineux, l'oxygène.

Cependant les proportions d'oxygène n'ont pas une influence telle que les oxydes des métaux de la première section, dont on connaît l'affinité par expérience, ne soient beaucoup plus forts, c'est-à-dire n'aient beaucoup plus d'affinité pour les acides que tous ceux des cinq dernières sections.

Un corps simple prend-il des quantités inégales d'oxygène, l'oxyde le plus oxygéné, contenant une plus grande quantité de principe résineux (oxygène) que l'oxyde le moins oxygéné, est résineux, et par conséquent acide par rapport à celui-ci. Deux oxydes du même corps peuvent donc se combiner puisqu'ils ont des électricités différentes ; le composé appelé par les chimistes *oxyde intermédiaire , oxyde composé*, est un sel au même titre que tous les sels. Le bioxyde et le tritoxyde d'un corps quelconque sont des acides relativement au protoxyde de ce corps.

— Pourquoi un métal a-t-il en général plus d'affinité pour l'oxygène que son protoxyde; pourquoi le protoxyde en a-t-il plus que le bioxyde , et celui-ci plus que le tritoxyde, parce que plus un corps est résineux et moins il a d'affinité pour l'oxygène fortement résineux lui-même, et que le tritoxyde d'un corps contenant plus d'oxygène que le bioxyde du même corps, est par cela même plus résineux que lui , que pour la même raison le bioxyde est plus résineux que le protoxyde et le protoxyde plus résineux que le métal.

Si , plus un acide acquiert d'oxygène, c'est-à-dire de principe résineux , plus cet acide devient résineux, l'oxygène lui-même doit être d'autant plus résineux qu'il est plus condensé, car il acquiert réellement dix fois, cent fois autant de principes résineux qu'il en avait , lorsque *sous le même volume* il contient dix fois, cent fois autant de substance. De là l'explication de ce fait, l'oxygène naissant , qui n'est autre chose que de l'oxygène condensé , a plus d'affinité pour les corps que l'oxygène libre.

L'on peut concevoir que pour une raison semblable, un corps qui serait de très peu moins vitré
qu'un autre, pourrait le devenir plus que lui,
s'il était employé en excès, en sorte qu'il peut
arriver qu'un métal placé très peu au-dessous d'un
autre, mais employé en excès relativement à ce
dernier, puisse lui enlever l'oxygène.

Si l'état électrique de l'oxygène change selon
que ce gaz est plus au moins condensé, il doit en
être de même de l'état électrique de tout autre
corps gazeux, d'où il résulte que tel corps classé
par Berzélius, eût été placé ailleurs si ce chimiste
l'eût observé dans d'autres circonstances.

OXYDES MÉTALLIQUES.

Propriétés physiques.

— *État.* Tous les oxydes métalliques sont solides, cassants lorsqu'ils sont en masse, ternes
quand ils sont en poussière.

— *Couleur.* Secs ou combinés avec l'eau, les
oxydes des deux premières sections sont *blancs*,
excepté le peroxyde de potassium qui est *jaune
verdâtre.*

— Les oxydes des autres sections sont en général diversement colorés lorsqu'ils sont secs:
(Voir le tableau de la couleur des oxydes).

— Ceux d'entre les oxydes des quatre dernières

sections qui font des sels employés en médecine ou dans les arts sont blancs, combinés avec l'eau (à l'état d'hydrates) excepté.

Troisième section.

L'oxyde de fer composé de sesquioxyde et de protoxyde,	Vert foncé.
Le sesquioxyde de fer,	Jaune rougeâtre.

Quatrième section.

Le bi-oxyde de cuivre,	Vert lorsqu'il contient peu d'eau ; bleu s'il en contient beaucoup.

Cinquième section.

L'oxyde de mercure mélangé de mercure, dit protoxyde de mercure,	Noir.
Le protoxyde, dit deutoxyde,	Jaune serin.

Sixième section.

Le protoxyde d'argent,	Olive foncé.
Le protoxyde d'or ;	Vert.
Le bi-oxyde de platine,	Jaune rougeâtre.

— *Pesanteur.* Les oxydes sont plus pesants que l'eau, moins pesants que leur métal, à moins que, comme le potassium et le sodium, ce métal ne soit très léger.

— *État naturel.*

L'oxyde d'aluminium (alumine) (*Deuxième section*).

Le bi-oxyde de manganèse.
L'oxyde de fer composé (oxyde magnétique).   *Troisième section.*
Le sesquioxyde de fer.
Le bi-oxyde d'étain.
L'oxyde de titane.
Le protoxyde de cuivre.   *Quatrième section.*
L'acide crénieux.

sont les seuls oxydes qui se trouvent à *l'état de pureté* dans la nature.

On connaîtra en étudiant les sels quels sont les oxydes qui se trouvent dans la nature combinés avec les acides.

Action de l'eau.

— *Combinaison.* Presque tous les oxydes se combinent avec l'eau en proportions déterminées. On aurait pu le prévoir, puisque l'eau est un oxyde et qu'en général les oxydes se combinent entre eux.

— *Produit de la combinaison.* Le protoxyde de l'hydrogène forme avec les oxydes des composés solides appelés *hydrates.*

Ces composés doivent être considérés comme les sels dans lesquels l'eau joue tantôt le rôle d'oxyde, tantôt le rôle d'acide, selon qu'elle est vitrée ou résineuse relativement à l'oxyde avec lequel elle se combine. L'eau joue le rôle d'oxyde relativement à ceux des oxydes des deux dernières sections et de la moitié inférieure de la quatrième que l'on désigne sous le nom d'acides ;

(26)

il est bien probable qu'elle est également oxyde , c'est-à-dire vitrée par rapport aux oxydes proprement dits de ces sections : elle est acide au contraire relativement aux oxydes des deux premières sections (*Voir* page 19).

— Les oxydes en s'hydratant prennent en général une couleur différente de celle qu'ils ont lorsqu'ils sont secs (*Voir* les sels , pag. 2).

Plus est grande la proportion d'oxygène conte nue dans un oxyde, et plus est grande la proportion d'eau avec laquelle il se combine. En effet *tous les oxydes en s'hydratant, prennent de l'eau jusqu'à ce que la quantité d'oxygène de l'eau absorbée soit égale à la quantité d'oxygène contenue dans l'oxyde.* Un deutoxyde renferme-t-il deux fois autant d'oxygène que son protoxyde, l'hydrate de deutoxyde renferme deux fois autant d'eau que l'hydrate de protoxyde.

On ne sait pas s'il existe plusieurs hydrates d'un même oxyde.

Dissolution. Les *alcalis* , on nomme ainsi les protoxydes des métaux de la première section , sont très solubles dans l'eau.

— En s'y dissolvant, ils se combinent avec elle, car en général les oxydes se combinent entre eux.

Si la quantité d'eau avec laquelle les alcalis sont en contact est petite relativement à leur masse, ils la solidifient, c'est-à-dire qu'ils for-

ment avec elle un hydrate solide (*voir page* 25).
Il est évident qu'il y a un dégagement de calorique proportionnel à la quantité d'eau solidifiée.
Ce dégagement est quelquefois assez considérable pour enflammer une allumette. La chaux peut servir d'exemple. La strontiane, la baryte, la potasse et la soude dont les métaux sont plus vitrés que le calcium, dégagent encore plus de calorique que la chaux.

—Tous les oxydes alcalins se dissolvent en plus grande proportion à chaud qu'à froid, excepté la chaux qui se dissout moins à chaud qu'à froid.

—*Action de l'eau sur les peroxydes alcalins.* L'eau ayant beaucoup d'affinité pour les protoxydes de la première section, détermine la décomposition des deutoxydes de cette section (protoxydes et oxygène) en se combinant avec les protoxydes qu'elle dissout ensuite; l'oxygène qui, uni aux protoxydes, les rendait deutoxydes, est mis à nu et se dégage.

Température de la décomposition. Les peroxydes de calcium et de sodium sont décomposés par l'eau à la température ordinaire. Les bioxydes de barium, de strontium, de calcium à 100°.

Action de l'eau sur les oxydes des cinq dernières sections. Les oxydes des cinq dernières sections sont insolubles dans l'eau. *Exceptions,* les protoxydes de magnésium (magnésie de plomb), de mercure (oxyde rouge) et d'argent, ne sont pas tout-à-fait insolubles, les acides chromique et arsénique sont très solubles, l'acide arsénieux se dissout sensiblement (1).

— *Décomposition.* Les *protoxydes de fer, de manganèse* et *d'étain* (3ᵉ section) s'emparent, *à la température ordinaire*, de l'oxygène de l'eau et deviennent deutoxydes, l'hydrogène se dégage.

On peut remarquer que ces oxydes décomposent l'eau plus facilement que leurs métaux : comment l'expliquer ? Les protoxydes de fer, de manganèse et d'étain se combinent intimement avec l'eau (ils s'hydratent); ils sont en contact avec elle dans un grand état de division ; les métaux ne peuvent s'hydrater, l'eau ne les touche qu'à la surface, il n'est donc pas très extraordinaire, que bien qu'ils aient réellement plus d'affinité pour l'oxygène que leur protoxyde, ils ne décomposent pas l'eau aussi facilement que lui.

Les auteurs disent que le fer et l'oxygène, le manganèse et l'oxygène, forment les éléments d'une pile, et que c'est elle qui décompose l'eau. L'explication n'est pas satisfaisante; on se demande, en effet, pourquoi d'autres métaux ne font pas avec l'oxygène les éléments d'une pile, tout aussi bien que le fer, le manganèse et l'étain.

---

(1) Il en est de même des acides molybdique, vanadique et osmique (peroxyde d'osmium), qui sont inusités.

D'ailleurs en admettant que le manganèse, le fer et l'étain font avec l'oxygène les éléments d'une pile, on n'aurait encore rien expliqué. En effet l'oxygène serait l'élément résineux de cette pile, puisque de tous les corps il est le plus résineux, le métal serait l'élément vitré.

L'oxygène de l'eau, résineux par rapport à l'hydrogène, se portera, il est vrai, sur le métal élément vitré de la pile, et l'oxydera, mais l'hydrogène se rendra vers l'oxygène élément résineux de la pile, avec lequel il se combinera et formera de l'eau ; de sorte que le métal perdant à chaque instant l'oxygène qui lui arrive, ne deviendrait jamais deutoxyde.

Saveur. — *Quelle est la saveur des oxydes alcalins ?* ils solidifient de l'eau avant de se dissoudre ; ils solidifieront une partie de l'eau qui recouvre la langue et pénètre son tissu : les molécules de l'eau, en se rapprochant, expulseront le calorique qui les dissolvait et les constituait à l'état liquide : la langue recevra de ces corps une impression de chaleur : ils seront brûlants, *caustiques.*

— *Les oxydes des cinq dernières sections* sont insipides, excepté ceux qui étant solubles deviennent sapides au bout d'un temps plus ou moins long, suivant qu'ils sont plus ou moins sapides.

— *Usages en médecine.*—Les oxydes alcalins

ont une saveur caustique : ils sont employés comme caustiques. Ce n'est qu'après avoir étudié la chimie animale, que nous aurons les connaissances suffisantes pour expliquer et prévoir les usages en médecine des oxydes.

— *Odeur.* Tous les oxydes sont inodores.

— *Oxydes employés.* Vingt-neuf oxydes sont employés soit en médecine, soit dans les arts.

Les oxydes employés en médecine sont :

Première section.

Le protoxyde de potassium hydraté (la potasse).
Le protoxyde de sodium hydraté (la soude).
L'oxyde de calcium (la chaux).

Deuxième section.

L'oxyde de magnésium (magnésie).

Troisième section.

L'oxyde de zinc (fleurs de zinc, pompholix, lana philosophica).
L'oxyde de fer composé (éthiops martial, oxyde magnétique).
Le sesquioxyde de fer (peroxyde de fer, colchotar, etc.).

Quatrième section.

Le protoxyde de plomb (massicot lorsqu'il n'a pas été fondu ; alors il est jaune; litharge si, ayant été fondu et refroidi rapidement, il est devenu lamelleux et rouge brique).
L'oxyde de plomb composé de bi-oxyde et de protoxyde (minium).
L'acide arsénieux (oxyde blanc d'arsenic, fleurs d'arsenic).
L'acide arséniq ue.

Cinquième section.

Le bi-oxyde de mercure.

Sixième section.

L'oxyde d'or.

Dans les arts on emploie, outre la plupart de ces oxydes, ceux

> D'aluminium, (alumine).
> Le bi-oxyde de manganèse.
> Le protoxyde de cobalt.
> Les oxydes d'étain et de chrome.

— *Action des oxydes sur l'infusion de tournesol rougie.* Les oxydes n'ont pas d'action sur l'infusion *bleue* de tournesol : un grand nombre la ramènent au bleu lorsqu'elle a été rougie par un acide.

La couleur *bleue* du tournesol résulte de la combinaison d'une couleur rouge et d'un oxyde.

Couleur rouge du tournesol } couleur bleue.
oxyde

Comment doivent agir les acides sur cette conbinaison ? Ceux qui ont pour les oxydes une affinité suffisante, s'emparent de l'oxyde : il se forme un sel ; la couleur rouge est mise à nu ; ils rougissent l'infusion de tournesol.

Qu'arrive-t-il si, dans ce mélange de sel et de couleur rouge, on verse un oxyde ? La couleur rouge se trouve en contact avec un oxyde ; si cet oxyde est dans des conditions favorables pour se combiner, si, par exemple, il est soluble dans l'eau, il s'unit à la couleur rouge ; la couleur rouge de tournesol unie à un oxyde devient bleue, le couleur bleue reparaît. Ainsi tous les oxydes quelque peu solubles, ramènent au bleu l'infusion de tournesol rougi par un acide.

— *Action du sirop de violettes.* — Les alcalis et la magnésie verdissent le sirop de violettes, le protoxyde de plomb, les oxydes rouge de mercure et olive d'argent, *qui sont un peu solubles dans l'eau*, le verdissent aussi.

Le sirop de violettes est bleu ; sa couleur résulte *probablement* de la combinaison d'un acide et d'une couleur verte. Dans cette hypothèse, les alcalis et les oxydes *un peu solubles* s'empareraient de l'acide et mettraient à nu la couleur verte.

— *Action de l'électricité.* Tous les oxydes sont décomposés par la pile : une pile de 100 couples est presque toujours assez forte.

On met l'oxyde humecté (afin qu'il conduise le fluide électrique) entre les deux fils de la pile, de manière qu'ils le touchent de chaque côté. Après quelques instants de contact, l'oxygène se porte au pôle vitré et le métal au pôle résineux. On sait que les électricités de nom contraire s'attirent ; l'oxygène de tous les métaux est attiré au pôle vitré : il est donc électro-résineux par rapport à tous les métaux qui, réciproquement, sont électro-vitrés par rapport à l'oxygène.

Les métaux de la première section absorbent l'oxygène à la température ordinaire, et s'oxydent : vient-on à décomposer leur oxyde par la pile, le métal continuellement désoxydé absorbe continuellement l'oxygène de l'air : jamais on ne l'isolerait. Il faut, pour obtenir ces métaux, trouver un moyen de faire que chaque portion d'oxygène enlevée par la pile ne soit pas immédiatement remplacée par absorption.

On y parvient en creusant l'oxyde en forme de capsule ; dans cette capsule on met du mercure : à mesure que le métal est mis à nu, il se combine au mercure et forme un composé sur lequel l'oxygène de l'air n'a pas d'action. Pour séparer le métal du mercure, on introduit l'amalgame dans une cornue contenant une huile dont l'oxygène n'est pas l'un des éléments (de l'huile de naphte ou de pétrole, par exemple). On chauffe. Le mercure et l'huile se volatilisant se rendent dans un ballon adapté au col de la cornue ; le métal reste seul dans cette cornue. Afin de le préserver du contact de l'air, on le conserve dans l'huile de naphte dont on peut l'environner, sans l'exposer à l'action de l'air, en inclinant l'appareil avec précaution ; alors, en effet, une partie de l'huile qui, en se volatisant est arrivée dans le ballon, retourne dans la cornue.

Les oxydes les plus difficiles à réduire sont les oxydes *terreux* (on nomme ainsi les oxydes de la seconde section, parce qu'ils forment la base des *terres*).

Action du magnétisme. — Le protoxyde et l'oxyde de fer composés ont attirables par l'aimant.

Action de la lumière. — Les oxydes sont inaltérables à la lumière ; peut-être l'oxyde d'or est-il décomposé par le calorique qu'elle contient.

Action du calorique sur les protoxydes des quatre premières sections.

— *Décomposition.*—*Les protoxydes des métaux des quatre premières sections (* 1re classe *) ne sont pas décomposés par le calorique,* puisque ces métaux gardent à la température la plus élevée la quantité d'oxygène qui les rend protoxydes? (*Voir* la classification des métaux.)

— *Quelle est l'action du calorique sur les sesquioxydes, bioxydes et tritoxydes des métaux des quatre premières sections?* Ils sont décomposés nécessairement jusqu'à ce qu'ils soient ramenés à l'état de protoxydes, puisque les métaux de ces sections ne gardent, à la température la plus élevée, que la quantité d'oxygène qui les rend protoxydes, excepté l'étain et le potassium, qui peut-être en gardent davantage : on croit qu'ils restent deutoxydes.

Il est évident que l'oxygène se perd graduellement : à un certain degré de chaleur, les tritoxydes deviennent deutoxydes ; à une température plus élevée, les deutoxydes laissent dégager une nouvelle proportion d'oxygène et sont ramenés à l'état de protoxydes. (*Voy.* p. 22.)

— *Action du calorique sur les oxydes de la cin-*

quième section. — Les métaux de cette section n'absorbent l'oxygène que jusqu'à une *certaine température*, passé laquelle ils laissent dégager *tout ce qu'ils avaient absorbé;* par conséquent, en chauffant leurs oxydes au-dessus d'une certaine température, ils abandonnent l'oxygène, et l'on obtient le métal. Les oxydes de la cinquième section sont donc réductibles par le calorique seul.

—*Action du calorique sur les oxydes de la sixième section.* — Les métaux de la sixième section ayant encore moins d'affinité pour l'oxygène que ceux de la précédente, l'abandonnent nécessairement à une température plus basse; il paraît même que, comme je l'ai dit, la lumière suffit pour décomposer l'oxyde d'or.

— *Action du calorique sur les hydrates.* Les hydrates perdent avec la plus grande facilité l'eau qu'ils contiennent, excepté les hydrates alcalins et celui de magnésie. Cependant les hydrates de potasse et de soude sont les seuls que le calorique ne puisse décomposer.

—*Fusion.*—Tous les oxydes indécomposables par le calorique sont fusibles.

Les oxydes des deux dernières sections et ceux des oxydes des autres sections, qui sont à un degré d'oxydation plus élevé que celui de protoxyde, se décomposent avant de fondre.

— *Température de la fusion.* Les protoxydes

des trois derniers métaux alcalins , la baryte , la strontiane , la chaux et les oxydes terreux ne fondent qu'à la température du chalumeau à gaz hydrogène et oxygène.

—En général les autres oxydes entrent en fusion à des températures que l'on obtient dans les fourneaux ordinaires ou dans les fourneaux de forge.

Les oxydes dont le métal est très fusible fondent eux-mêmes très facilement : le protoxyde d'étain fait exception.

— *Volatilisation.* L'oxyde d'osmium, le protoxyde d'antimoine , et l'acide arsénieux ou deutoxyde d'arsénic , sont les seuls qui soient volatils.

Action des corps simples sur les oxydes.

— *Action des métaux d'une section sur les oxydes d'une section suivante.* Les métaux d'une section quelconque ayant plus d'affinité pour l'oxygène que ceux des sections suivantes , leur enlèvent ce gaz , d'où il suit que tous les oxydes des différentes sections sont décomposés par les métaux des sections précédentes.

— *Exception.* Les oxydes des métaux terreux n'ont été décomposés par aucun des métaux de la première section.

— *Produits de la décomposition.* Si le métal décomposant est en quantité suffisante , il s'empare de tout l'oxygène de l'oxyde soumis à son action;

le métal de cet oxyde est mis à nu. Le métal décomposant est-il en excès, il se combine en outre au métal mis à nu et forme un alliage binaire, car presque tous les métaux font des alliages binaires. (*Voir* page 16.)

Exemple. Le potassium décompose tous les oxydes des quatre dernières sections; il s'oxyde par l'oxygène qu'il prend à leur métal, et si lorsque tout l'oxygène est enlevé, du potassium reste libre, ce potassium s'unit au métal mis à nu.

— *Action des métaux des quatre premières sections sur les oxydes d'un degré supérieur placés avant eux.* — Les métaux des quatre premières sections décomposent tous les oxydes d'un degré supérieur placés avant eux.

Produits de la décomposition. — Si ces métaux sont employés en quantité suffisante, ils s'emparent de l'oxygène des oxydes soumis à leur action, jusqu'à ce qu'ils les aient ramenés à l'état de protoxydes. Voici comment je le prouve : Si de l'oxygène est uni aux *protoxydes* des métaux des quatre premières sections, ils le perdent à la température la plus élevée, car, à ce degré de chaleur, les tritoxydes, bioxydes et sesquioxydes sont ramenés à l'état de protoxydes (*v.* page 34). A la plus haute température au contraire, les métaux des quatre premières sections gardent de l'oxygène, ou en absorbent, s'ils n'en ont pas. Donc les métaux des quatre premières sections ont plus d'affinité pour l'oxygène que tous les *protoxydes* de ces sections ; donc *les métaux des quatre premières sections enlèvent l'oxygène à tous les protoxydes des quatre premières sections ; donc ils décomposent tous les tritoxydes , bioxydes, sesquioxydes de ces sections, et les ramènent à l'état de protoxydes* (1).

Toutes les expériences faites jusqu'ici concourent à démontrer ce résultat du raisonnement.

— Les métaux de la cinquième section n'exercent aucune action sur les oxydes des quatre premières.

— Un corps simple quelconque décompose ses oxydes d'un degré supérieur : le manganèse, par exemple , décompose le bioxyde de manganèse ; il lui enlève la moitié de son oxygène ; ce qui doit être , le manganèse ayant autant d'affinité pour l'oxygène que le manganèse.

— *Quand y aura-t-il dégagement de calorique et de lumière dans ces décompositions ?* Toutes les fois que l'oxygène sera enlevé à un métal qui le retient peu , par un métal ayant pour lui une grande affinité , car , dans le nouveau composé, l'oxygène éprouvera une plus grande condensation. Ainsi il y a dégagement de calorique et de lumière , lorsque le potassium décompose un oxyde quelconque de la cinquième

______

(1) Il ne pourrait y avoir d'exception que pour les peroxydes de potassium et d'étain (Voy. pag. 34).

on de la sixième section, ou un tritoxyde de la troisième. Le zinc surtout détermine un grand dégagement de calorique et de lumière en décomposant les oxydes des cinquième et sixième sections et les protoxydes de la première.

Action des métalloïdes sur les oxydes.

— *Oxygène sec à froid.* Aucun oxyde n'absorbe à la température ordinaire *l'oxygène sec.*

On pouvait le prévoir. En effet, toutes choses égales d'ailleurs, les oxydes ont moins d'affinité pour l'oxygène que leur métal (*voy.* pag. 22); or, les métaux des cinq dernières sections n'absorbant pas l'oxygène sec à froid, leurs oxydes ne doivent pas l'absorber.

Les métaux de la première section prennent, il est vrai, de l'oxygène à la température ordinaire, et *deviennent protoxydes*; mais ces protoxydes n'absorbent pas de l'oxygène libre à la température ordinaire, car s'ils en absorbaient, leurs métaux auraient passé immédiatement à l'état d'oxydation qu'ils pouvaient prendre, au lieu de rester protoxydes (1).

____

(1) Au plus haut degré de chaleur, un métal tel que l'étain ou le potassium, devient-il deutoxyde? Au plus haut degré de chaleur il reste deutoxyde, car puisque la force de décomposition du calorique de la température la plus élevée a été impuissante pour l'empêcher d'absorber l'oxygène qui le rend deutoxyde, elle est également impuissante pour séparer cet oxygène; à moins qu'une force plus faible laisse

— *Oxygène sec et libre à une température élevée.* Les protoxydes de la première et de la troisième sections chauffés dans l'oxygène passent
au second degré d'oxydation ; après avoir pris
d'abord l'état d'oxyde intermédiaire s'il y en
a un. Dans la seconde section il n'y a que des
protoxydes.

— Dans aucune section les deutoxydes ne
peuvent devenir tritoxydes en absorbant l'oxygène libre.

— Un grand nombre de protoxydes de la
quatrième section absorbent encore l'oxygène libre
et passent à l'état de dentoxydes. — Les protoxydes de plomb, de cuivre, d'antimoine sont les
seuls parmi ceux qui sont employés, ou qui font
des sels employés soit en médecine soit dans
les arts, qui absorbent l'oxygène libre à chaud.
Le protoxyde de plomb devient oxyde composé
(minium), le protoxyde de cuivre se transforme

---

vaincre une force plus puissante ; ce qui est absurde. En général, si à
une température, un métal prend un certain degré d'oxydation, il
faut admettre que son affinité pour la quantité d'oxygène qui constitue ce degré d'oxydation, est plus grande que la force de décomposition du calorique de la température à laquelle il le prend, et par
conséquent que le calorique de cette température est insuffisant pour
lui enlever l'oxygène qu'il a pris. *A une température quelconque, un
métal conserve donc le degré d'oxydation qu'il est susceptible de prendre à cette température, ou bien encore, un métal perd un degré quelconque d'oxydation à la température à laquelle il n'aurait plus assez
d'affinité pour l'oxygène pour prendre ce degré d'oxydation.*

en bioxyde et celui d'antimoine en acide anti-monieux.

— Les oxydes de la cinquième section, et par conséquent ceux de la sixième, ne se suroxydent que par l'absorption de l'oxygène *naissant ou condensé*.

— *Action de l'air à vase clos*. Son action est la même que celle du gaz oxygène.

Action de l'air libre et humide (oxygène, azote, acide carbonique, vapeur d'eau). Exposés à l'air humide un grand nombre d'oxydes s'hydratent.

— Les alcalis étant très solubles s'hydratent avec la plus grande facilité.

— Les protoxydes des trois premières sections absorbent, *lorsqu'ils sont hydratés*, l'acide carbonique de l'air, et deviennent carbonates.

Ceux des oxydes des trois dernières sections que nous avons dit être un peu solubles dans l'eau doivent aussi absorber l'acide carbonique de l'air. En effet, les protoxydes de plomb, de mercure (oxyde rouge) d'argent (oxyde olive) se combinent à l'acide carbonique de l'air, lorsqu'ils sont hydratés. Le deutoxyde de cuivre hydraté est également transformé en carbonate.

— Les *acides* chromique et arsénique absorbent l'humidité de l'air, s'y *combinent* et s'y dissolvent. L'acide arsénieux, au contraire, perd lorsqu'on l'expose à l'air, l'humidité qu'il contient, et se réduit en poudre (*s'effleurit*).

*Pourquoi les oxydes des premières sections ab-
sorbent-ils plus facilement l'acide carbonique de
l'air que ceux des dernières ?* Parce qu'ils ont en
général plus d'affinité pour les acides que ceux
des dernières sections. C'est pour la même raison
que les protoxydes se carbonatent plus aisément
que les oxydes d'un degré supérieur. (*V*. pag. 19.)

*Pourquoi les oxydes dissous ou seulement hu-
mides se combinent-ils mieux à l'acide carbonique que lorsqu'ils sont secs ?* Un volume d'eau
dissolvant six fois son volume d'acide carbonique
à la température et sous la pression ordinaires, cet
acide est dissout et condensé dans l'eau qui environne et *pénètre* les oxydes hydratés, il est en
contact avec eux presque de molécule à molécule ; il doit évidemment se combiner mieux
qu'à l'état de gaz élastique.

*Action des métalloïdes qui ont beaucoup d'affinité
pour l'oxygène et qui n'en ont que fort peu
pour les métaux.*

— L'hydrogène, le bore, le silicium et le carbone, placés à la fin de la troisième section décomposent tous les oxydes des trois dernières,
et ceux d'un degré supérieur de la première.

Ces résultats sont démontrés par l'expérience,
en ce qui concerne l'hydrogène et le carbone. On
n'a pas expérimenté avec le bore et le silicium,
mais ces métalloïdes ayant plus d'affinité pour

l'oxygène que le carbone agiraient évidemment comme lui, si on les essayait.

Produits de la décomposition. Dans la décomposition par l'hydrogène, il se forme de l'eau ; il y a dégagement de calorique, l'hydrogène passant de l'état de gaz libre à l'état liquide. Dans la décomposition par le carbone, il se dégage de l'oxyde de carbone ou de l'acide carbonique. En général le métal est mis à nu, car ces métalloïdes ont fort peu d'affinité pour les métaux. (*V*. pag. 16.)

— Comme tous les corps simples de la première classe, ces métalloïdes ramènent les deutoxydes de la première section à *l'état de protoxydes.*

— *Action du carbone sur les protoxydes alcalins.* L'expérience démontré que la charbon décompose les protoxydes de potassium et de sodium de la première section, leurs métaux sont mis à nu.

Explication. Si l'on chauffe l'oxyde de potassium à la chaleur rouge, le potassium volatil à cette température tend à prendre de l'expansion afin de passer à l'état de vapeur, et comme sa vapeur n'a pas la même densité que celle de l'oxygène ; ces deux corps font effort pour se séparer ; à la chaleur rouge par conséquent, l'affinité de l'oxygène pour le potassium est contrebalancée par une force nouvelle qui n'existait pas au-dessous de cette température ; il n'est donc point extraordinaire que le potassium et le sodium au-dessous de la chaleur rouge aient plus d'affinité pour l'oxygène que le charbon, et qu'au-dessus de cette température le charbon leur enlève l'oxygène.

Il résulte de ce qui précède : 1° *que toutes choses égales d'ailleurs*, un composé binaire dont l'un des éléments est fixe et l'autre très votatil, ou même dont les deux éléments sont volatils, est plus facile à décomposer par le calorique qu'un autre composé binaire dont les éléments sont fixes; 2° que les affinités varient avec la température, parce que l'état des corps change avec la température, et par conséquent que dans une bonne classification des corps par ordre d'affinités pour l'oxygène, ceux qui à un certain degré de chaleur sont solides, et gazeux à une autre température, devraient être classés deux fois. Ainsi le potassium et le sodium considérés au-dessous de 500° c. resteraient en tête de la première section ; considérés à 500° c., et au-dessus ils se trouveraient à la fin de la troisième section.

—Le charbon, comme on doit le prévoir, n'est pas le seul corps de la troisième section qui décompose les protoxydes de potassium et de sodium hydratés : le fer, à une température très élevée, jouit de la même propriété ; je ne vois pas pourquoi le manganèse et ceux des métaux de la première et de la troisième section qui sont peu volatils, ne décomposeraient pas les mêmes oxydes.

— Enfin l'hydrogène, le bore, le sicilium et le carbone peuvent décomposer même les protoxydes des métaux de leur section, bien que ces métaux aient toutes choses égales d'ailleurs plus d'affinité qu'eux pour l'oxygène. (*V*. page 23, *l'explication de ce fait*).

Le charbon a décomposé tous les protoxydes de sa section, avec l'hydrogène; on n'a-expérimenté que sur les oxydes de fer; ils ont été décomposés.

— *Température des décompositions*. Toutes les décompositions par l'hydrogène se font au-dessous de la chaleur rouge.

Quand, dans la décomposition des oxydes par le charbon, se dégage-t-il de l'acide carbonique? quand se dégage-t-il de l'oxyde de carbone? Si la décomposition d'un oxyde par le charbon ne peut avoir lieu *qu'à une haute température*, ce qui arrive lorsque le métal de l'oxyde a beaucoup d'affinité pour l'oxygène, il se dégage du gaz oxyde de carbone, car l'oxygène étant cédé lentement au charbon, ne le fait guère passer qu'à l'état d'oxyde de carbone, et si, par hypothèse, il se forme de l'acide carbonique, il est immédiatement décomposé et ramené à l'état d'oxyde de carbone par le charbon non acidifié, puisqu'un corps simple décompose ses oxydes supérieurs.

La décomposition a-t elle lieu à une tempé-
rature peu élevée ? il se dégage de l'acide carbonique. En effet, le métal de l'oxyde cédant
facilement son oxygène, en abandonne au charbon, dans un temps donné, une quantité suffisante pour qu'il se forme de l'acide carbonique
qui, attendu le peu d'élévation de la température,
ne peut être décomposé par le charbon en excès.

Enfin, *si la décomposition se fait entre une tem-*
pérature très basse et une température très élevée,
à une température telle, cependant, que l'acide
carbonique puisse être décomposé par le charbon,
il se forme encore de l'acide carbonique, mais
qui, si le charbon est en excès, est immédiatement décomposé et ramené à l'état de gaz oxyde
de carbone, qui se dégage : il se dégagerait
au contraire de l'acide carbonique s'il y avait peu
de charbon, ou, ce qui revient au même, s'il
y avait beaucoup d'oxyde, par rapport à la
quantité de charbon ; car tout le charbon deviendrait acide carbonique ; et il ne resterait rien
pour décomposer cet acide.

Action du phosphore, du soufre et du sélénium.

Il suffit de jeter un coup d'œil sur le tableau
de la classification, pour voir que le phosphore,
le soufre et le sélénium placés à la fin de la quatrième section, ou dans la cinquième, étant
très éloignés des métaux des premières sections,

ont une très grande affinité pour eux; chacun de ces métalloïdes en présence d'un oxyde agira donc et sur l'oxygène pour le séparer du métal, et surtout sur le métal pour le séparer de l'oxygène; ces deux forces s'ajoutant l'une à l'autre, rendent l'action du phosphore, du soufre et du sélénium très énergique ; *aussi décomposent-ils tous les oxydes, excepté les oxydes terreux.*

Produits de la décomposition. Si l'oxyde est des trois dernières sections, il est complétement décomposé; son oxygène s'unit à une portion du phosphore, du soufre ou du sélénium, et la convertit en acide phosphorique, sulfureux ou sélénieux; le métal se combine à une autre portion de phosphore, de soufre ou de sélénium et forme un phosphure, un sulfure ou un séléniure.

Si l'oxyde est de la première ou de la troisième section, le phosphore ne le décompose pas complétement; alors, au lieu du phosphure et de l'acide phosphorique, il se fait un phosphure et un phosphate, l'acide phosphorique se combinant à la portion d'oxyde non décomposée.

La décomposition de l'oxyde n'est pas complète, parce qu'à mesure qu'elle s'opère, il se forme de l'acide phosphorique, et que l'affinité de l'acide phosphorique pour l'oxyde non décomposé est plus grande que celle du phosphore pour les élements de cet oxyde.

Les oxydes alcalins seuls ne sont pas décompo-

(48)

sés complétement par le soufre ; ce n'est qu'avec eux par conséquent qu'il se forme un sulfure et un sel. Ce sel ne peut être qu'un *sulfate* puisque les sulfites alcalins soumis à l'action du calorique sont transformés en sulfates. (*V. les généralités sur les sels*, pag. 20).

Si les oxydes alcalins ne sont pas complétement décomposés par le phosphore , le soufre et le sélénium , cela vient de ce que ces oxydes ayant beaucoup plus d'affinité pour les acides que tous ceux des cinq dernières sections , dès qu'il s'est formé une certaine quantité d'acide , elle se *combine* à la partie d'oxyde non décomposée , qui ne se trouve plus à *l'état de liberté* en contact avec le métalloïde décomposant.

Il est à remarquer que les oxydes de la première section produisent , dans leur décomposition par le soufre, un grand dégagement de calorique et de lumière. Il serait difficile d'expliquer pourquoi.

Le sélénium se comporte commme le phosphore avec les oxydes des première et troisième sections ; la plupart ne sont qu'en partie décomposés : il se fait un sélénite et un séléniure.

— En resumé, le phosphore , le soufre et le sélénium décomposent en totalité ou en partie , tous les oxydes , excepté les *oxydes terreux*.

Les oxydes des trois dernières sections sont complétement réduits ; il se fait un composé en *ure* et un *acide*. La décomposition des oxydes de la première et de ceux de la troisième section par le *phosphore* et par le *sélénium* n'étant pas complète, on obtient un composé un *ure* et un *sel*. Le soufre ne forme de sel qu'avec les *alcalis* : ce sel est un sulfate.

Action du soufre sur les oxydes dans l'eau.

— Le soufre par l'intermède de l'eau n'agit guère que sur les oxydes alcalins ; encore l'oxyde n'est-il décomposé qu'en partie.

Produits de la décomposition. Le métal de la portion-d'oxyde décomposée s'unit à une partie du soufre et fait avec elle un sulfure *avec excès de soufre* (1), *qui se dissout* et colore la liqueur en jaune rougeâtre ; l'oxygène de cette même portion d'oxyde s'unit à une autre partie du soufre et produit de l'acide *hyposulfureux*, qui, se combinant à l'oxyde non décomposé, donne naissance à un *hyposulfite* quelquefois insoluble.

— Ainsi les résultats de la décomposition sont un hyposulfite et un sulfure.

— *Température de la décomposition.* La décomposition se fait à froid ; elle est plus rapide à chaud ; elle est déterminée par la grande affi-

---

(1) Les sulfures proprement dits, proto-sulfures, sont formés d'un atome de soufre et d'un atome de métal. Les sulfures avec excès de soufre, *sulfures sulfurés*, *polysulfures*, renferment plus d'un atome de soufre contre un atome de métal.

nité des métaux alcalins pour le soufre.

* Le sélénium dans l'eau agit comme le soufre; il décompose aussi les oxydes alcalins : il y a formation de sélénite et de séléniure.

* Le phosphore, par l'intermédiaire de l'eau, ne paraît pas agir sur les oxydes alcalins, mais il décompose l'eau : il se forme du gaz hydrogène sesquiphosphore qui se dégage, un hypophosphite et un phosphate alcalins qui restent dans l'eau ; si les oxydes alcalins étaient décomposés, il semble, qu'outre ces produits, on obtiendrait un phosphure métallique.

Dans l'eau, au contraire, les oxydes de la sixième section sont réduits par le phosphore ; il se convertit en acide phosphorique : le métal est mis à nu.

Action des métalloïdes (iode, brome, chlore,) *qui, étant placés tout près de l'oxygène, ont une très grande affinité pour les métaux, et n'en ont pour l'oxygène que lorsqu'il est à l'état naissant ou condensé.*

Le chlore placé tout à côté de l'oxygène, et par conséquent aussi loin des métaux que lui, a pour eux presqu'autant d'affinité que l'oxygène ; il en a plus, s'il est employé en excès. (*V.* page 17).

— A une température convenablement élevée, le chlore paraît en effet décomposer tous les oxydes, *excepté les oxydes terreux*, parmi

lesquels cependant il décompose la magnésie.
(On a expérimenté sur les oxydes alcalins, sur la
magnésie, sur un grand nombre d'autres oxydes).

— *Produits de la décomposition.* Le chlore
s'empare du métal des oxydes qu'il décompose;
l'oxygène mis à nu se dégage.

— *Température de la décomposition.* Les oxydes alcalins sont décomposés à la chaleur rouge.

* *Le brome* ayant pour les métaux une affinité
presque aussi forte que le chlore, agit nécessairement d'une manière analogue sur les oxydes.
Il y a formation d'un bromure métallique, *l'o-
xygène se dégage;* son action, comme on doit le
prévoir, est moins puissante que celle du chlore;
ainsi il ne décompose point la *magnésie*, ni les
oxydes terreux par conséquent, ni même quelques autres oxydes.

* L'iode placé plus près des métaux que les deux
métalloïdes précédents, et par cela même ayant
moins d'affinité pour les métaux que ces métalloïdes, *ne dégage complètement* que l'oxygène des
protoxydes de potassium, de sodium, de bismuth
et de plomb, en formant un iodure avec leur
métal. Les protoxydes d'étain et de cuivre sont
décomposés en partie. L'iode ne paraît pas décomposer les autres oxydes.

Température des décompositions. Les décompositions produites par le chlore, le brome et
l'iode ont lieu généralement à une température

4.

élevée : elles se font souvent avec dégagement de calorique et de lumière ; car en se combinant au métal de l'oxyde, le chlore, le brome et l'iode passent de l'état gazeux à l'état solide.

Il est facile d'expliquer pourquoi dans ces décompositions l'oxygène, bien qu'à l'état naissant, se dégage et ne s'unit pas à une portion de chlore, de brome ou d'iode pour faire un acide chloreux ou chlorique, bromique ou iodique ; ces acides ne peuvent se former à une température à laquelle ils seraient décomposés s'ils existaient.

On prévoit au contraire que si la décomposition se faisait à froid, qu'elle se produisît lentement, et par conséquent sans dégagement de calorique bien appréciable, l'oxygène séparé ne se dégagerait pas ; humide et à l'état naissant, il s'unirait au chlore non combiné et formerait un acide chloreux ou chlorique : peut-être l'un et l'autre.

Action du chlore sur les oxydes alcalins dans l'eau. L'expérience démontre en effet que lorsqu'on met, à la température ordinaire, du chlore dans l'eau avec presque tous les oxydes, surtout avec les oxydes alcalins, le chlore, affaibli par l'eau qui le dissout, agit encore, mais agit lentement ; *il ne décompose qu'une partie de l'oxyde, en produisant un chlorure avec le métal de la partie d'oxyde décomposée, et des acides hypochloreux et chloreux avec l'oxygène de cette même partie d'oxyde. Ces acides s'unissant à la portion d'o-*

xyde non *décomposée*, *font avec elle un hypochlo-rite et un chlorite.*

Le chlorure et l'hypochlorite restent en disso-lution, car ils sont toujours solubles : le chlorite précipite quelquefois, *si la liqueur est concentrée.*

* Le brome et l'iode dans l'eau se comportent comme le chlore avec les oxydes alcalins : il se forme, avec le brome, un bromure soluble et un bromate, qui, même à base de potasse, *précipite si la liqueur est concentrée.* L'iode fait un iodure très soluble, et un iodate presque toujours inso-luble. (*V. action de l'eau sur les sels.*)

—Ainsi ces trois métalloïdes dans l'eau, ne dé-composant qu'en partie les oxydes alcalins, font avec eux *un sel et un composé en ure très soluble.*

* L'iode, par l'intermède de l'eau, décompose encore les oxydes de la cinquième et de la sixième section ; il se forme un iodure et un iodate.

* Ces décompositions n'ont rien qui doive sur-prendre, l'iode agissant à la fois par son affinité pour l'oxygène et par son affinité pour les métaux.

Action des oxacides sur les oxydes.

On conçoit que les oxacides ne s'unissent pas à tous les composés désignés sous le nom d'oxydes : les oxacides qui s'unissent au plus grand nombre d'oxydes sont ceux qui sont le plus résineux (*V.* page 20), car ils sont acides relativement au plus grand nombre d'oxydes; les acides sulfurique et azotique, qui sont très oxygénés, et dont le radical est très résineux, sont des acides très forts : ils ont de l'affinité pour presque tous les oxydes ; au contraire, les acides peu résineux, les acides végétaux, par exemple, ne s'unissent qu'à quelques oxydes. Il y a même des oxydes qui ne s'unissent à aucun acide, tels sont :

Dans la *première section*, les peroxydes alcalins;

Dans la *troisième section*, les oxydes de manganèse, excepté le protoxyde (le sesquioxyde se combine à l'acide sulfurique), le sesquioxyde de cobalt et le sesquioxyde de nickel;

Dans la *quatrième section*, le deutoxyde de cuivre et tous les protoxydes, excepté celui de tungstène, s'unissent à un ou à plusieurs acides : les acides chromique et tungstique se combinent aussi comme oxydes à quelques acides ; tous les autres oxydes ne s'unissent point aux acides ;

Dans la *sixième section*, le tritoxyde d'or (acide aurique) ne s'unit pas aux acides, il s'unit au contraire aux oxydes.

Ces généralités sur les oxydes qui ne s'unissent pas aux acides, ne s'appliquent qu'aux oxydes du tableau, c'est-à-dire aux oxydes employés, ou faisant des sels employés soit en médecine, soit dans les arts.

Action des oxydes sur les oxydes. (V. page 18.)

Solubilité des oxydes du tableau, hydratés dans

la potasse , la soude et l'ammoniaque à froid (1).

1re Section.—Tous les alcalis sont *insolubles* dans la potasse , la soude et l'ammoniaque.

2e Section.—La magnésie et l'yttria sont insolubles dans la potasse , la soude et l'ammoniaque; les deux autres oxydes sont solubles.

3e Section.—Tous solubles dans l'ammoniaque, excepté le sesquioxyde de fer et le protoxyde d'étain.

Insolubles dans la potasse et dans la soude, excepté ceux de zinc , d'étain et le protoxyde de nickel. Le protoxyde et l'oxyde composé de fer sont un peu solubles.

4e Section.	Solubilité de l'oxyde hydraté dans la potasse et dans la soude.	Solubilité de l'oxyde hydraté dans l'ammoniaque.
Acides arsénieux et arsénique.	Très solubles.	Très solubles.
Oxyde et acides d'antimoine.	Très solubles.	Très solubles.
Oxyde de molybdène, de chrome et de tungstène.	Insolubles.	Insolubles.
Acides molybdique, chromique, tungstique.	Solubles.	Solubles.
Protoxyde de bismuth.	Insolubles.	Insolubles.
Protoxyde de plomb.	Très solubles.	Insolubles.
Oxyde de plomb composé et bioxyde.	Insolubles.	Insolubles.
Protoxyde et bioxyde de cuivre.	Insolubles.	Très solubles.

5e Section.—Le deutoxyde de mercure (oxyde

---

(1) Il est probable que toutes ces dissolutions sont des combinaisons.

rouge) est peu soluble dans la potasse et dans la soude ; il est très soluble dans l'ammoniaque. Le protoxyde n'est pas obtenu.

6ᵉ Section.—Tous insolubles dans la potasse et dans la soude. Le protoxyde d'argent, le bioxyde de platine et le tritoxyde d'or (acide aurique) sont très solubles dans l'ammoniaque.

Action des hydracides sur les oxydes. On admet que les hydracides ne forment point de sels avec les oxydes ; qu'ils donnent un composé en *ure* et de l'eau. Exemple : acide hydrochlorique

oxyde d'argent.

Il se forme de l'eau et un chlorure d'argent.

Température de la décomposition. On suppose que, par l'intermédiaire de l'eau, la décomposition a lieu à la température ordinaire.

Action des gaz hydrogène phosphoré, carboné, azoté à chaud. De même que les hydracides, ils ne se combinent point avec les oxydes ; étant tous trois décomposables par le calorique, *ils agissent comme leurs éléments isolés.* Ainsi les gaz hydrogène phosphoré, carboné, azoté, n'exercent aucune action sur les oxydes terreux ; les protoxydes alcalins ne sont décomposés ni par l'hydrogène carboné, ni par l'hydrogène azoté. Les oxydes autres que ceux que je viens d'excepter sont décomposés.

Produits des décompositions. L'hydrogène phosphoré et les oxydes forment de l'eau et un phosphure métallique. Avec l'hydrogène carboné, l'on obtient de l'eau et de l'acide carbonique ou de l'oxyde de carbone. (*V.* page 45.) Le métal de de l'oxyde est mis à nu. Dans la décomposition par l'ammoniaque, il y a formation d'eau et dégagement d'azote ; il se produit aussi de l'acide hypoazotique lorsque l'oxyde est en excès et que son radical a très peu d'affinité pour l'oxygène (1).

— *Force des oxydes*. Les oxydes de la 1re section, dont les métaux sont plus vitrés que ceux des autres sections, ont plus d'affinité pour les acides que tous les oxydes des cinq dernières sections. Ce qu'on exprime en disant qu'ils sont plus forts qu'eux (*V.* page 21).

---

(1) L'expérience n'a pas encore démontré que l'hydrogène phosphoré agit sur *tous* les oxydes comme je l'indique ; mais il n'est guère possible qu'il en soit autrement, on s'en convaincra si l'on veut se rappeler que l'hydrogène phosphoré est décomposable par le calorique et l'action que l'hydrogène et le phosphore exercent isolément sur les oxydes.

A froid, les gaz hydrogène phosphoré, carboné, azoté, n'exercent aucune action sur les oxydes, excepté l'ammoniaque, qui en dissout un certain nombre (*Voy.* pag. 55) et s'y combine.

Ces combinaisons peu intimes se décomposent, pour la plupart, lorsqu'on les évapore même très lentement, l'ammoniaque se dégage et l'oxyde précipite. Cependant, l'on obtient facilement à l'état solide les combinaisons d'ammoniaque et de cuivre, de mercure, d'argent (argent fulminant), de platine (platine fulminant), d'or (or fulminant) ; les quatre dernières ont la propriété de détoner ; l'argent fulminant est celui de ces composés qui détone avec le plus de facilité ; il suffit de le toucher, même légèrement, avec l'extrémité d'un tube, et quelquefois d'une barbe de plume, pour que la détonation ait lieu.

—L'ammoniaque qui joue le rôle d'oxyde relativement aux acides, et la magnésie à *l'état gélatineux* sont plus fortes que les oxydes des cinq dernières sections et moins fortes que ceux de la première (1).

—*Force relative des oxydes de la première section par l'intermédiaire de l'eau.* Si un acide peut former des *sels solubles* avec tous les oxydes alcalins, la potasse et la soude ont plus d'affinité pour lui que la baryte, la strontiane et la chaux.

—Si un acide peut former des *sels insolubles* avec la baryte, la strontiane et la chaux, il a plus d'affinité pour ces trois bases que pour la potasse et la soude.

—Baryte, strontiane, chaux, tel est l'ordre

---

(1) Que l'on verse de l'ammoniaque sur un sel soluble de magnésie, une partie seulement de la magnésie est mise à nu et précipite; d'où il résulte que l'ammoniaque ne s'empare pas de tout l'acide qui était combiné à la magnésie; le sel d'ammoniaque formé avec la portion d'acide qui était unie à la magnésie précipitée, reste combiné avec la portion de sel de magnésie non décomposée, en sorte que l'on obtient un sel double.

Exemple : Sulfate de magnésie dissout
ammoniaque.

Il se forme un sulfate d'ammoniaque et de magnésie, et un précipité de magnésie. Réciproquement, de la magnésie étant versée sur un sel d'ammoniaque ne met à nu qu'une partie de l'ammoniaque uni à l'acide : le sel que forme la magnésie, avec la portion d'acide dont elle s'empare, reste combiné avec la portion indécomposée du sel d'ammoniaque.

Il semble résulter de ces faits, que l'ammoniaque et la magnésie sont sur le même rang relativement à leur affinité pour les acides.

dans lequel ces oxydes doivent être classés relativement à leur affinité pour un acide quelconque.

Ainsi, toutes choses égales d'ailleurs, les oxydes alcalins les plus forts sont ceux dont le métal est le plus vitré.

Composition. Ainsi que je l'ai dit, la quantité d'oxygène varie beaucoup dans les protoxydes, et par suite dans les sesquioxydes, les bioxydes, les trioxydes. En général, les protoxydes contiennent d'autant plus d'oxygène, que leur radical a plus d'affinité pour ce métalloïde. Dans les différents oxydes que produit un métal, les quantités d'oxygène pour la *même quantité de métal* sont généralement *entre elles*, comme les nombres 1, 1 1/2 ou 2, 3, 4.

—*Extraction des oxydes de leurs sels, par précipitation.* Les oxydes alcalins ont plus d'affinité pour les acides que tous ceux des cinq dernières sections ; si donc l'on verse un oxyde alcalin dissout sur un sel quelconque à base des cinq dernières sections également dissout (afin que les affinités puissent s'exercer), l'oxyde alcalin s'empare de l'acide du sel, et en met à nu l'oxyde qui précipite *gélatineux*.

—Comme tous les oxydes des cinq dernières sections sont insolubles ou presque insolubles (1), excepté les acides chromique et arsénique ; que

____

(1) Voy. pag. 26.

par conséquent, lorsqu'ils sont mis à nu, ils précipitent, pour les obtenir, on se sert habituellement de potasse de soude ou d'ammoniaque liquides, qui, faisant des sels solubles avec tous les
acides, laissent précipiter seul l'oxyde des cinq
dernières sections.

Manipulation. Afin d'être certain que l'oxyde
du sel est déplacé, l'on verse l'alcali décomposant, en excès, c'est-à-dire jusqu'à ce que la liqueur verdisse fortement le sirop de violettes ;
mais comme l'oxyde alcalin en excès pourrait re-
dissoudre le précipité (*V.* page 55), l'on doit se
servir de potasse ou de soude, lorsque l'oxyde que
l'on se propose d'obtenir est soluble dans l'ammoniaque ; l'on se sert d'ammoniaque, au contraire,
lorsque cet oxyde est soluble dans la potasse et
la soude.

Il est évident que si l'on veut précipiter un
oxyde à l'aide d'un alcali capable de dissoudre cet
oxyde, l'on ne doit verser l'alcali que goutte à
goutte, et cesser dès que l'acide du sel est saturé.

On sait que l'acide est saturé, lorsque l'alcali
décomposant ne détermine plus de précipité.

— *Oxydes obtenus par ce procédé.* Il est avantageux d'obtenir par précipitation tous ceux des
oxydes des cinq dernières sections qui se trouvent
dans la nature combinés à un acide avec lequel
ils font un sel soluble.

Parmi les oxydes employés, soit en médecine , soit dans les arts , l'on se procure surtout par ce procédé :

L'alumine. — (On la précipite de l'alun au moyen de l'ammoniaque).

Le tritoxyde d'antimoine (ac. antimonique). (On l'obtient de l'antimoniate de potasse par un *acide* plus fort.)

Le protoxyde d'or. — (Du proto chlorure d'or traité à froid (afin que l'oxyde d'or ne se décompose pas) par une dissolution de potasse ou de soude).

Ceux des oxydes de la 3ᵉ section que l'on pourrait suroxyder en chauffant le métal à l'air ; savoir :

Le sesquioxyde de fer mono-protoxydé.—Des sels de sesquioxyde de fer mono-protoxydés (1).
Le protoxyde de cobalt. — Du sulfate ou de l'azotate de cobalt.
Le protoxyde d'étain. — Du protochlorure d'étain.

C'est encore par ce procédé que l'on se procure les hydrates de potasse ou de soude.

---

(1) Comme c'est *toujours* de l'oxyde de fer mono-protoxydé qui se forme lorsque le fer décompose l'eau, on obtient souvent cet oxyde en exposant à l'air de la limaille de fer placée dans un vase contenant de l'eau en quantité suffisante pour la baigner ; il n'est pas nécessaire de chauffer (Voir p. 28).

Le sesquioxyde de fer s'obtient par *tous les procédés*. Le plus économique consiste à calciner le sulfate de protoxyde de fer desséché. L'acide sulfurique se décompose en acide sulfureux qui se dégage , et en oxygène, qui fait passer le protoxyde de fer à l'état de sesquioxyde (Voy. page 19 , des sels).

Manipulation. On verse de la chaux vive en excès sur les carbonates de ces bases (1) , et l'on fait bouillir le mélange étendu d'eau (2) , que l'on remplace par d'autre à mesure qu'elle s'évapore. La chaux, faisant avec l'acide carbonique un sel insoluble , et par cela même plus fort dans cette circonstance que la potasse et la soude , s'empare de leur acide , et précipite à l'état de carbonate ; la potasse ou la soude restent en dissolution. L'on filtre : le carbonate de chaux insoluble est arrêté, la potasse ou la soude dissoutes passent à travers le filtre : on évapore l'eau qui les tient en dissolution , et l'on obtient ces oxydes hydratés ; car à la température la plus élevée la potasse et la soude ne perdent pas l'eau qui les hydrate.

Ces deux oxydes ne peuvent s'obtenir anhydre que par oxygène et métal.

— *Extraction des oxydes par oxygène libre ou naissant et radical.* L'on peut obtenir tous les oxydes directement , en mettant un corps simple quelconque en contact avec l'oxygène.

—On emploie l'oxygène libre, lorsque le corps que l'on veut oxyder absorbe l'oxygène libre jusqu'au degré d'oxydation que l'on se propose d'obtenir ; on emploie l'oxygène naissant, lorsque le corps à oxyder n'absorbe point l'oxygène libre ,

---

(1) Poids égal de chaux et de carbonate.
(2) Douze ou quinze fois son poids.

ou lorsqu'il ne l'absorbe pas jusqu'au degré d'oxydation que l'on se propose d'obtenir.

—L'acide azotique, l'acide hypo-azotique, le bioxyde d'hydrogène, sont les substances que l'on emploie le plus souvent pour se procurer l'oxygène naissant (1).

Manipulation. La seule précaution à prendre lorsque l'on chauffe un métal à l'air (oxygène libre, azote, etc.) pour l'oxyder, consiste à enlever l'oxyde à mesure qu'il se forme, attendu que cet oxyde recouvrant la surface du métal, empêche l'action de l'air sur lui.

Ainsi, le métal n'entre-t-il point en fusion, on l'agite continuellement, afin que l'oxyde se détache ; s'il fond, l'on enlève de temps à autre l'oxyde qui se forme à sa surface.

Oxydes obtenus par ce procédé. C'est en chauffant à l'air le métal (il est plus expéditif de prendre le protoxyde, si l'on veut avoir un oxyde d'un degré supérieur), que, dans les arts, l'on se procure généralement

---

(1). *On obtient, à l'aide du bi-oxyde d'hydrogène,* les bioxydes de strontium, de calcium, de zinc, de nickel et le quadrioxyde de cuivre.

Manipulation. On met l'oxyde que l'on veut sur-oxygéner en contact avec un excès de bioxyde d'hydrogène étendu d'eau ; ce bioxyde cède une portion d'oxygène et passe à l'état de protoxyde (eau).

L'oxyde que l'on se propose de sur-oxygéner doit être employé dissout s'il est soluble, gélatineux s'il est insoluble.

Le protoxyde de zinc. — On chauffe jusqu'à la chaleur rouge.

Le sesquioxyde de fer.

Le sesquioxyde de cobalt.

Le bioxyde d'étain.

Le protoxyde de plomb (massicot). — On doit éviter de fondre l'oxyde qui se forme.

Protoxyde de plomb fondu, litharge (1). — On laisse fondre l'oxyde qui se produit.

L'oxyde de plomb composé de protoxyde et de bioxyde de minium (2).

Le protoxyde d'antimoine.

L'acide arsénieux (3).

---

(1) *Protoxyde de plomb fondu.* Toute la litharge du commerce s'obtient en chauffant les mines de plomb argentifères (alliages de plomb et d'argent). Le plomb passe à l'état de protoxyde qui fond, et se rassemble à la surface (v. la pesanteur des oxydes), d'où on le fait écouler par une rigole que l'on pratique dans l'épaisseur du creuset ; on aide quelquefois l'écoulement de l'oxyde en dirigeant à sa surface le vent d'un fort soufflet. L'argent, plus pesant que l'oxyde de plomb, reste au fond du creuzet ; d'où il suit que, par ce procédé, l'on obtient tout à la fois de la litharge et de l'argent.

(2) On obtient le minium en chauffant à plusieurs reprises le massicot, ou protoxyde de plomb *pulvérulent*, sans le fondre, car il absorbe d'autant plus facilement l'oxygène qu'il est plus divisé.

(3) Dans les arts, on grille les mines de cobalt arsénical (abondantes dans la nature) dans des fourneaux à reverbères, auxquels sont adaptés de longs tuyaux-cheminées, rangés horizontalement. A mesure que l'arsenic absorbant l'oxygène de l'appareil passe à l'état d'acide arsénieux, cet acide se sépare de la mine en se volatilisant, et vient se condenser dans les tuyaux, en masses blanches, demi-transparentes, pouvant s'effleurir à l'air.

Comme les vapeurs d'acide arsénieux entraînent toujours une certaine quantité d'arsenic qu'elles environnent, et sur lequel elles empêchent le contact de l'air, on sublime une seconde fois, au contact de l'air, l'acide obtenu, afin que l'arsenic qu'il contient se convertisse en acide arsénieux.

C'est-à-dire ceux des oxydes d'un degré supérieur de la troisième section qui sont employés, moins ceux de manganèse et l'oxyde composé de fer ; les protoxydes de la troisième et de la quatrième section, employés, excepté le protoxyde de chrome (1), et ceux des oxydes de la troisième section, que l'on pourrait suroxyder par ce moyen.

—Extraction des oxydes des carbonates. Soumis à l'action du calorique, tous les carbonates, excepté ceux de potasse, de soude, de baryte de lithine et d'ammoniaque, c'est-à-dire les carbonates alcalins, moins ceux de chaux et de strontiane, laissent dégager leur acide ; l'oxyde est mis à nu. De là, un moyen de se procurer ceux des oxydes qui se trouvent abondamment dans la nature à l'état de carbonate.

Température de la décomposition. Tous les carbonates, décomposables par le feu, perdent leur acide à la chaleur rouge.

L'on sait que tout l'acide carbonique est dégagé, lorsque le résidu de la calcination, réduit en poudre, ne fait point effervescence avec l'acide azotique et hydrochlorique. L'on conçoit, en

____

(1) Protoxyde de chrome. — Le plus souvent on l'obtient en calcinant le chromate de mercure. L'acide chromique est ramené à l'état de protoxyde de chrome indécomposable par le calorique (*voy.* pag. 34); le mercure et l'oxygène provenant de l'acide et de l'oxyde du sel se dégagent.

5

effet , que si le résidu contenait un peu de carbonate indécomposé , les acides azotique et hydrochlorique , beaucoup plus forts que l'acide carbonique , s'emparant de sa base , le mettraient à
nu , et qu'il se dégagerait avec effervescence
(bouillonnement) , puisqu'il est gazeux.

Manipulation. Si l'oxyde que l'on veut obtenir
n'est pas capable d'absorber l'oxygène de l'air
(*V. action de l'oxygène libre sur les oxydes*) , on
chauffe dans un *creuset* ; l'on se sert d'une *cornue*
dans le cas contraire.

—C'est par ce procédé que, dans les arts, l'on
se procure la chaux , la strontiane et la magnésie dite calcinée (1).

—*Extraction des oxydes des azotates.* L'azote
ayant moins d'affinité pour l'oxygène que tous les
métaux des cinq premières sections , il en résulte
que l'acide azotique est plus facile à décomposer
que tous les protoxydes de ces sections , et par
conséquent que si l'on chauffe un azotate, l'acide
se décompose en oxygène et en protoxyde d'azote,
ou, si la température est moins élevée , en une
moins grande quantité d'oxygène et en bioxyde
d'azote qui , étant gazeux , se dégagent, tandis
que l'oxyde, soit parce qu'il est indécomposable,
soit parce que ses élémens ne peuvent être sépa-
rés à la température capable de décomposer

____

(1) La pierre à chaux est un carbonate de chaux.

l'acide azotique , reste au fond du vase qui a servi à faire l'expérience.

—Il est évident que, dans cette opération, certains oxydes , à mesure qu'ils sont mis à nu , absorbent l'oxygène provenant de la décomposition de l'acide azotique , et passent à un état d'oxydation supérieur.

Que l'on décompose par la chaleur un azotate de protoxyde de fer , par exemple , le protoxyde de fer mis à nu absorbe l'oxygène provenant de la décomposition de l'acide azotique et se transforme en sesquioxyde.

Oxydes obtenus par la décomposition de leur azotate. On pourrait obtenir par ce procédé tous ceux des oxydes d'un degré supérieur des cinq premières sections , qui sont employés soit dans les arts , soit en médecine. On ne s'en sert guère cependant que pour se procurer les protoxydes de strontium, de barium, le sesquioxyde de manganèse, le tritoxyde d'antimoine (acide antimonique) et l'oxyde rouge de mercure.

—Ce procédé ne vaudrait rien pour obtenir les oxydes de la sixième section , attendu que ces oxydes se décomposeraient à la température à laquelle l'acide azotique *combiné,* serait lui-même décomposable.

—*Extraction des oxydes par acide azotique et le métal de ces oxydes.* A la température ordinaire , l'acide azotique concentré cède de l'oxy-

5.

gène à tous les métaux des cinq premières sections. (*V. l'action des métaux sur les oxydes.*) Il
ne dissout pas les oxydes d'étain , d'antimoine ,
attendu leur grande cohésion. Il ne se combine
pas ou il s'unit très faiblement à ceux des oxydes
métalliques connus sous le nom d'acides , acides
arsénique (1), tungstique , etc. Enfin , il ne
dissout qu'en très petite quantité le sesquioxyde
de fer.

Oxydes obtenus par ce procédé. On obtiendra
donc tous ces oxydes en versant de l'acide azotique concentré sur leur métal , il se forme un
oxyde qui précipite ; le protoxyde d'azote ou
l'acide hypo-azotique provenant de la partie

---

(1) *Extraction de l'acide arsénique.* Lorsque l'on verse sur de l'a-
cide arsénieux de l'acide azotique même très concentré, la réaction
a lieu lentement, parce que l'acide arsénieux ne se dissolvant pas dans
l'acide azotique, se trouve très peu en contact avec lui de molécule à
molécule ; on facilite beaucoup cette réaction en ajoutant de l'acide
hydrochlorique, qui dissout l'acide arsénieux et rend l'acide azotique
plus facile à décomposer , en s'emparant de l'eau qui le fixe.

* *Proportions qu'il est avantageux d'employer et manipulation.*
On introduit dans un appareil en verre, fiole ou cornue , une partie
d'acide arsénieux réduit en poudre fine, quatre parties d'acide azotique à 33 ou 34 degrés de l'aéromètre de Baumé, deux parties d'une
solution concentrée d'acide hydrochlorique. On chauffe la liqueur
jusqu'à la température de son ébullition, et l'on cesse de faire bouillir
lorsqu'elle est réduite en consistance sirupeuse : on la verse dans une
capsule ; on fait évaporer jusqu'à siccité : le résidu est de l'acide arsénique pur que l'on doit conserver à l'abri du contact de l'air , car
il en attire l'humidité et s'y dissout.

d'acide qui a cédé son oxygène au métal, se dégagent.

Manipulation. Lorsque tout le métal est converti en oxyde, l'on évapore la dissolution, afin de séparer la majeure partie de l'eau abandonnée par la portion d'acide décomposée et l'acide non altéré; puis, afin d'avoir l'oxyde sec, l'on calcine légèrement le résidu.

Ce procédé n'est avantageux qu'autant que le métal de l'oxyde que l'on veut obtenir, n'est pas d'un prix élevé.

—Si l'on verse de l'acide azotique sur un métal dont il peut dissoudre l'oxyde, alors une partie non décomposée de cet acide se combine à l'oxyde à mesure qu'il se produit et forme un azotate dont on obtiendrait l'oxyde par la calcination. (*V. l'extraction de l'oxyde d'un azotate.*)

L'acide azotique ne convient plus pour oxyder les corps simples de la sixième section, excepté l'argent, cet acide n'agit pas sur eux, attendu que fixé par de l'eau (1), il ne se décompose qu'à une température à laquelle ces corps, perdant leur oxygène, lorsqu'ils en ont, ne sauraient l'absorber lorsqu'ils n'en ont pas.

On se servirait alors avec avantage de l'acide

____

(1) Et probablement classé beaucoup plus bas qu'il ne devrait l'être.

hypo-azotique liquide anhydre (bioxyde d'azote
+ oxygène), le bioxyde d'azote cédant de l'oxygène avec la plus grande facilité.

———

ERRATA.

Ire LEÇON.

Page 1, ligne 3, en commençant par la fin, à la place de *lieu*, lisez : *point*.

IIe LEÇON.

— 22, — 6, en commençant par la fin de la page ; après le *carbone cristallisé*, mettez entre parenthèses (diamant).

IVe LEÇON.

— 1, fin du premier alinéa ; au lieu de *celui des deux qui contient le plus d'oxygène s'appelle acide ; on nomme oxyde celui qui contient le moins d'oxygène*, lisez : *celui des deux qui est le plus résineux s'appelle acide : on nomme oxyde celui qui est le moins résineux.*

— 14, avant-dernière ligne ; au lieu de *qui contient le plus d'oxygène*, lisez : *qui est le plus résineux.*

— 15, — 1, au lieu de *le moins d'oxygène*, lisez : *le moins résineux.*

VIe LEÇON.

— 5, — 20, retranchez *celui.*

— 15, — 13, au lieu de *pourquoi elles*, lisez : *pourquoi ces deux classifications.*

— 15, — 15, mettez une virgule entre *corps* et *vitrés.*

— 19, — 4, au lieu de *premières*, lisez : *dernières.*

— 20, — avant-dernière ligne du troisième alinéa ; au lieu de *ou acide*, lisez : *un acide.*

— 21, — 9, au lieu de *acides*, lisez : *oxydes.*

— 23, — 2, au lieu de *qui serait de très peu*, lisez : *qui serait très peu.*

— 25, — 8, au lieu de *crénieux*, lisez : *arsénieux.*

— 25, — 11, en commençant par la fin, ajoutez un *s* à la suite de *produit.*

Page 25, ligne 2 du dernier alinéa, au lieu de *les sels*, lisez : *des sels.*

— 27, — 2 de l'avant-dernier alinéa ; au lieu de *calcium*, lisez : *potassium.*— Dernière ligne, mettez la parenthèse après *magnésie.*

— 29, — avant-dernière ligne ; au lieu de *sapides*, lisez : *solubles.*

— 30, — 7, au lieu de 29, lisez : 19.

— 39, — 5, au lieu de *protoxydes*, lisez : *peroxydes.*

— 43, — 4, en commençant par le bas de la page, mettez une *virgule* après *oxygène*, au lieu de *point et virgule.*

— 57, · à partir de *A froid*, ce qui est en petit caractère devrait être dans le texte, avant : *force des oxydes.*

— 54, dernière ligne, mettez une virgule après *hydratés.*

— 62, — 6, au lieu de *plus fort*, lisez : *plus forte.*

Imprimerie d'HIPPOLYTE TILLIARD,
rue St-Hyacinte-St-Michel, n. 30.

COURS D'ÉTUDES MÉDICALES.

DEUXIÈME PARTIE.

CHIMIE

MÉDICALE RAISONNÉE,

D'APRÈS UNE NOUVELLE MÉTHODE,

Par laquelle tous les faits particuliers se déduisent de généralités peu nombreuses, au lieu d'être exposés comme des faits isolés qu'il faut apprendre de mémoire;

SUIVIE

D'UN TRAITÉ SUR LA TOXICOLOGIE,

Considérée, non comme une science à part, mais comme un résultat des connaissances acquises en Chimie.

PAR ÉDOUARD ROBIN.

PARIS.

LIBRAIRIE DE DEVILLE CAVELLIN,

ANCIENNE MAISON GABON,

RUE DE L'ÉCOLE-DE-MÉDECINE, N° 10.

1834 à 1835.

COURS DE CHIMIE.

Leçons du 1ᵉʳ et du 2 Juin 1835.

Généralités sur les Sels.

—*État*. Tous les sels sont solides. Tous peuvent cristalliser, c'est-à-dire prendre des formes régulières en passant leutement de l'état gazeux ou liquide à l'état solide. Tous les sels cristallisés dans l'eau contiennent de l'eau et sont plus ou moins transparens.

On s'explique aisément pourquoi les sels qui ont cristallisé dans l'eau, contiennent toujours de l'eau en quantité plus ou moins grande. Lorsque les molécules salines en dissolution dans l'eau se rapprochent, il peut très bien se faire, en effet, qu'elles n'expulsent pas entièrement ce liquide, qu'il en reste interposée entre les lames du cristal, comme il en resterait entre les faisceaux de fibres d'un tronc d'arbre qui aurait séjourné dans l'eau. L'on conçoit, en outre, qu'un sel doit presque toujours retenir de l'eau avec laquelle son acide ou son oxyde se sont *combinés*, puisque l'eau est un oxyde qui s'unit également bien aux acides et aux oxydes.

— L'eau peut donc exister dans un sel à deux états , *libre,* et alors elle est seulement *interposée* entre quelques particules du sel, entre les lames du cristal, si ce sel est cristallisé ; *combinée,* alors elle est répandue entre les plus petites molécules du sel (les molécules intégrantes) et on la nomme *eau de cristallisation.*

— L'eau interposée n'est jamais qu'en petite quantité dans un cristal ; l'eau de cristallisation , au contraire, fait quelquefois la moitié du poids d'un sel. Dans un même cristal , elle est toujours en quantité égale et dans un rapport simple avec l'oxygène de l'oxyde ; ce qui doit être puisque l'eau est un oxyde, et que les oxydes se combinent aux acides et les oxydes entre eux dans des proportions telles que l'oxygène de l'acide , ou mieux de l'élément le plus oxygéné, est dans un rapport simple avec l'oxygène de l'oxyde ou de l'élément le moins oxygéné. *Un cristal doit être considéré comme un sel double.*

— *Couleur.* Les sels sont incolores lorsque leur acide et leur oxyde sont incolores.

— Les sels dont l'oxyde seul est coloré , ont la couleur de leur oxyde.

Comme , en général, lorsqu'un acide et un oxyde se combinent , l'oxyde est hydraté , que d'ailleurs les sels cristallisés contenant tous (1) de

____

(1) Les sels cristallisés ne seraient anhydres qu'autant qu'ils au-

l'eau en quantité plus ou moins grande, leur oxyde doit être considéré comme hydraté, on conçoit que cet oxyde communique au sel la couleur qu'il prend lorsqu'il s'hydrate en sorte que *les sels cristallisés dont l'oxyde seul est coloré ont la couleur de leur oxyde hydraté.*

Exception. Si l'oxyde hydraté est jaune ou d'une couleur très claire, que l'acide soit incolore et en excès, le sel est incolore. Exemple le sulfate acide de deutoxyde de mercure dont l'oxyde hydraté est jaune et l'acide incolore et en excès, est jaune.

— Si l'oxyde hydraté étant jaune, le sel est neutre et sur-tout s'il est avec excès de base, ce sel a la couleur de son oxyde. Exemple : le *sous-sulfate* de deutoxyde de mercure est jaune.

Il est évident que si l'acide seul est coloré et qu'il soit en excès, le sel a la couleur de son acide. Exemple : l'acide chromique est rouge orangé, les chromates acides à base incolore sont rouges orangés.

Si l'acide seul étant coloré, le sel est neutre ou s'il est avec excès de base, ce sel a une couleur qui participe de celle de son acide et de celle de son oxyde. Ainsi les chromates neutres à base incolore sont jaunes ; les chromates avec excès d'oxyde incolore, blancs jaunâtres.

—Tout ce qui a été dit sur la couleur des sels

---

raient cristallisé en passant de l'état gazeux à l'état solide, mode de cristallisation inusité.

dont l'oxyde seul est coloré , peut également s'ap
pliquer à la couleur des sels dont l'acide seul est
coloré.

Tous les oxydes hydratés qui font des sels employés en médecine , sont blancs excepté sept.
(Voir les oxydes.) Tous les oxacides et les hydracides métalloïdiques sont incolores ; il en est de
même des oxacides métalliques, excepté les acides
chromique , tungstique et vanadique , dont les
deux derniers ne forment pas de sels usités : par
conséquent tous les sels qu'il importe d'étudier ,
sont blancs excepté les chromates et les sels des
sept oxydes colorés , puisque , excepté les chromates et les sels dont la base est l'un des 7 oxydes
colorés , ils ont un acide et un oxyde incolores.

Il résulte de ce qui précède que pour connaître
à priori la couleur d'un sel, il suffit. de connaître
celle de son acide et celle de son oxyde. Par conséquent, *un sel étant donné, nous pouvons dire sa
couleur.*

Je n'indique point la couleur des sels dont l'a-
cide et l'oxyde sont colorés, ils sont en très petit
nombre , inusités soit en médecine , soit dans les
arts, et dans l'état actuel leur couleur ne peut
être prévue , du moins on le dit.

— *Pesanteur.* Tous les sels sont plus pesans
que l'eau distillée.

Les oxydes métalliques étant , en général,
beaucoup plus pesans que les acides métalloïdiques (parce que leur radical est plus pesant que

celui des acides métalloïdiques), d'autant plus pesans que leur métal pèse davantage, il en résulte que les sels sont d'autant plus pesans qu'ils contiennent plus d'oxyde métallique, et aussi que le métal de cet oxyde a une pesanteur spécifique plus grande. On doit prévoir que lorsque l'acide est métallique, c'est-à-dire lorsque c'est un oxyde métallique très oxygéné, il contribue à la pesanteur du sel autant que l'oxyde et même plus que certains oxydes, que ceux des deux premières sections, par exemple, dont le métal étant très léger, sont par cela même très légers.

—*État naturel.* On ne trouve point dans la nature les sels dont l'acide n'est pas le plus oxygéné de l'un des cinq premiers métalloïdes ou du dernier (*voir les généralités sur les oxacides*), c'est-à-dire :

Les Hypophosphites. (1)	Les Hyperiodates.
Phosphites.	Iodates.
Hyposulfates.	Bromates.
Sulfites.	Chlorates.
Hyposulfites.	Chlorites.
Séléniates.	Hypochlorites.
Sélénites.	Azotites.

---

(1) L'acide hypophosphorique ne forme pas de sels.

Tableau des Sels employés.

Il y a tout au plus une quarantaine de sels employés soit en médecine, soit dans les arts.

-Borates.	Carbonates et Bi-carbonates.
On n'emploie que le sous-borate de soude. (Borax.)	On emploie les carbonates de chaux. (Marbre, pierre à chaux, albâtre, craie.)

— Les sels dont l'acide est le plus oxygéné de l'un des cinq premiers métalloïdes ou du dernier, se trouvent dans la nature en nombre plus ou moins grand.

—De baryte ;
—De strontiane ;
—De potasse ;
Bi-carbonate de potasse ;
—De soude ;
Bi-carbonate de soude ;
—D'ammoniaque. (Alcali volatil concret.)
—De magnésie.

(*Tous les carbonates alcalins excepté celui de Lithine*).

3ᵉ Section.

—De tritoxyde de fer. (Rouille, safran de mars.)

4ᵉ Section.

—De plomb. (Céruse, blanc de plomb.)
—De cuivre vert. (Vert-de-gris, naturel, malachite.)
—De cuivre bleu. (Cuivre azuré, bleu de montagne.)

Phosphates. (Voir page 7.
Sulfates.

Ceux de chaux. (Plâtre, gypse, sélénite.)
—De baryte ;
—De potasse. (Sel de duobus.)
—De soude. (Sel de Glauber.)
—D'ammoniaque.
—De magnésie. (Sel d'Epsom, de Sedlitz, d'Égra.)
—Acide d'alumine et de potasse ou d'ammoniaque. (Alun.)
—D'oxyde composé de fer. (Vitriol vert, couperose verte.)

—De zinc. (Vitriol blanc, coupe. rose blanche.)
—Acide de deutoxyde de cuivre. (Vitriol bleu, couperose bleue.)
—Sous-sulfate de deutoxyde de mercure. (Turbith minéral.)
Plusieurs sulfates se nomment *vitriol*, parce que l'acide sulfurique était appelé anciennement *huile de vitriol*.

Chlorites.

Un seul chorite est employé, c'est celui de potasse.

Azotates.

Ceux de baryte.
—De potasse. (Salpêtre, sel de nitre)
—De soude.
—De bismuth.
—De plomb,
—De mercure.
—D'argent.
Les azotates de baryte, de plomb et d'argent ne sont employés que dans les laboratoires comme réactifs.

Arséniates.

Ceux de potasse.
—De soude.
—De fer. (Proto-arséniate.)

Arsénites. (Voir.)
Chromates. (Voir état naturel des sels.)
Hydrochlorates et *Hydrosulfates*
Ceux d'ammoniaque.

Sels employés en médecine ou dans les arts, qui se trouvent dans la nature.

— *Borates.* Il n'y a qu'un seul borate employé, c'est le sous-borate de soude (borax) : il est très abondant dans la nature (principalement dans plusieurs lacs du Thibet).

— *Carbonates.* Tous les carbonates employés, soit en médecine, soit dans les arts, se trouvent dans la nature, excepté le bi-carbonate de potasse. Tous sont abondans, excepté les carbonates de magnésie et de plomb.

— *Phosphates.* Il n'y a que trois phosphates employés soit en médecine, soit dans les arts.

Le phosphate acide de chaux ;
Le sous-phosphate de chaux ;
Le sous-phosphate de soude (sel admirable perlé).

— Ils se trouvent dans la nature, excepté le phosphate acide de chaux qui, par conséquent, est un produit de l'art.

Seul de tous les phosphates connus, le sous-phosphate de chaux existe abondamment. Il forme des montagnes en Estramadure (province d'Espagne). Il entre pour les 2/5 dans la composition des os des animaux, et constitue presque à lui seul la corne de cerf calcinée au rouge-blanc.

Le sous-phosphate de soude se trouve dans l'urine et dans quelques matières animales.

— *Sulfates.* Tous les sulfates employés dans les

arts ou en médecine, se trouvent dans la nature, excepté le sulfate de mercure (sous-deuto-sulfate). Les sulfates de potasse et de plomb seuls, n'ont pas été trouvés en grande quantité.

— *Azotates*. Il n'existe dans la nature que quatre azotates, ceux

de potasse,
de soude,
de chaux,
de magnésie,

—*Arséniates*. L'arséniate de protoxyde de fer est le seul arséniate, employé e nmédecine, qui se trouve dans la nature. L'arséniate de cobalt, qui n'est usité ni en médecine, ni dans les arts, est l'un des minerais les plus communs.

— *Arsenites*. L'arsenite de bi-oxyde de cuivre (vert de schéele), le seul arsenite que l'on emploie (dans la peinture), se trouve dans la nature en assez grande quantité.

—*Chromates*. Le seul chromate employé (dans la peinture), le chromate de plomb, se trouve en petite quantité en Sibérie. Ordinairement il est accompagné d'un chromate double de cuivre et de plomb. On n'a pas trouvé d'autres chromates dans la nature.

—*Sels à base d'ammoniaque*. Quatre sels à base d'ammoniaque sont employés : le carbonate, le sulfate, l'hydrochlorate et l'hydrosulfate. Ces quatre sels, plus le phosphate d'ammoniaque, sont les seuls de cette base qui aient été trouvés dans la nature. L'hydrosulfate existe dans les fosses d'aisance, le sulfate dans l'alun, les troi autres dans les urines des animaux : la fiente des chameaux contient beaucoup d'hydrochlorate d'ammoniaque.

Action de l'eau. Relativement à leur action sur l'eau, les sels participent toujours des propriétés de leur acide et de celles de leur oxyde, ou de celui des deux qui prédomine.

—Ainsi tous les sels qui résultent de la combinaison de la potasse, de la soude ou de l'ammoniaque avec un acide quelconque, sont solubles dans l'eau, parce que ces trois bases y sont très solubles et que les acides y sont tous plus ou moins solubles, excepté l'acide tungstique, qui d'ailleurs se dissolvant très bien dans l'eau chargée de potasse, de soude ou d'ammoniaque, ne fait point exception à la règle de la solubilité des sels de ces trois bases.

—Tous les sels dont l'acide sensiblement soluble est *en excès*, sont solubles quelque soit l'insolubilité de leur base, parconséquent tous les sels avec excès d'acide sont solubles, excepté les tungstates, dont l'acide est insoluble, les silicates colombates et titanates qui sont presque insolubles, l'acide de chacun d'eux étant presque insoluble.

Action de l'eau sur les sels neutres et sur les sels avec excès de base, autre que la potasse, la soude et l'ammoniaque.

Les borates ; (1)	Sulfites ;
silicates ;	Hyposulfites
carbonates ; (2)	Séléniates ;
phosphates ; (3)	Sélénites ;
Il n'y a point d'hypophos-	Hyperiodates ;
phates (voir l'acide hypo-	Iodates ;
phosphorique).	Bromates.
Phosphites ; (4)	

C'est-à-dire tous les sels formés par les acides, à partir de l'acide borique inclusivement, jusqu'à l'acide chlorique exclusivement, moins les

> Hypophosphites,
> Hyposulfates,
> Sulfates,

sont insolubles dans l'eau, excepté onze sulfates.

Les sulfates de baryte;	Ceux de chaux;
d'étain ;	de strontiane;
d'antimoine;	d'ittria ;
de plomb;	de cérium ;
de mercure;	et d'argent.
et de bismuth.	
Qui sont complètement insolubles.	Qui sont un peu solubles.

À côté de « d'ittria ; de cérium ; » figure, accolade à l'appui : « Inusités. On peut très bien ne pas se charger la mémoire de leurs noms. »

---

(1) Excepté celui de lithine.

(2) — celui de lithine qui néamoins est peu soluble.

(3) — ceux de lithine et de magnésie.

(4) Les phosphites sont insolubles ou du moins peu solubles.

(5) — ceux de chaux et de magnésie qui sont un peu solubles.

Ces exceptions relatives aux sels de lithine, de chaux et de magnésie, ont été consignées afin que, dans l'occasion, on puisse trouver dans cet ouvrage une histoire complète de la solubilité des sels. Elles

— Tous les sels formés par les acides, à partir de l'acide chlorique, c'est-à-dire

Les chlorates ;   Les azotates ;
   chlorites ;   azotites.
   hypochlorites ;

sont solubles dans l'eau, excepté le proto-chlorite de mercure.

Sels dont l'acide a pour radical un métal.

— Les sels neutres et ceux avec excès de base dont l'acide est métallique et qui sont employés, c'est-à-dire

Les arséniates ;   Les antimonites ;
   arsénites ;   chromates ;
   antimoniates ;

sont insolubles, excepté ceux de potasse, de soude, d'ammoniaque et les chromates alcalins, moins celui de baryte (1).

---

peuvent être négligées, sans le moindre inconvénient, excepté celle qui est relative au phosphate de magnésie, les sels qu'elles concernent étant inusités et sans intérêt excepté ce phosphate.

(1) Exceptions : les chromates de magnésie, de protoxyde de manganèse, de protoxyde de nickel, de peroxyde d'urane, de bioxyde de vanadium, sont solubles.

Sels inusités dont l'acide est métallique.

Les *molybdates* sont insolubles, excepté ceux de potasse, de soude, d'ammoniaque et celui de magnésie, soluble dans environ quinze fois son poids d'eau.

Les *vanadates* des trois premières sections sont solubles, excepté ceux de cobalt et de cadmium. Les autres sont insolubles, excepté ceux de plomb, de cuivre et de mercure.

Tungstates ⎰ insolubles, excepté ceux de potasse, de soude, d'am-
et *Colombates* ⎱ moniaque, et les tungstates de magnésie et de bi-
  étudiés ⎰ oxyde de molybdène.

Action de la glace. Lorsque l'on met dans l'eau un sel desséché ayant beaucoup d'affinité pour ce liquide, il y a élévation de température, pourquoi? parce que dans la combinaison de ce sel avec l'eau il y a plus de calorique expulsé par le rapprochement des molécules des deux corps que le sel ne peut en absorber en passant de l'état solide à l'état de liquide combiné. Le calorique dégagé serait beaucoup plus considérable si le sel n'absorbait que la quantité d'eau nécessaire à sa cristallisation, *car il resterait solide et l'eau le deviendrait.*

Qu'au lieu de mettre un sel en contact avec l'eau (protoxyde d'hydrogène liquide) on le mette en contact avec de la glace pilée (protoxyde d'hydrogène cristallisé et réduit en poudre) le sel qui, par hypothèse, a beaucoup d'affinité pour le protoxyde d'hydrogène pourra se combiner avec ce protoxyde, comme s'il était dissous, car ils seront en contact très divisés ; dans un état de division beaucoup plus grande même qu'il ne semble au premier abord, puisqu'à toutes les températures la glace se volatilise, et que parconséquent lorsqu'elle est très divisée, ses molécules sont continuellement environnées d'une atmosphère de vapeur d'eau. L'expérience prouve qu'en effet la glace pilée et un sel réduit en poudre se combinent lorsqu'ils sont mélangés. Lorsqu'un sel ayant de l'affinité pour l'eau est en contact avec le protoxyde d'hydrogène liquide et en quantité suffisante, ce sel en se combinant avec chacune de ses molécules intégrantes oxygène + hydrogène devient liquide , ou comme on le dit , ce sel se dissout ; lorsqu'il se combinera avec le protoxyde d'hydrogène solide , il s'unira également à chacune des molécules intégrantes oxygène + hydrogène , le composé qui se formera sera le même : il sera donc liquide aussi. Le sel solide et le protoxyde d'hydrogène cristallisé devenant liquides absorberont du calorique aux corps environnans; car tous les corps absorbent du calorique en passant de l'état solide à l'état liquide, de là un moyen de faire des mélanges réfrigérans.|

La quantité de calorique que la glace et un sel peuvent absorber en se fondant est d'autant plus considérable, que leurs molécules se rapprochent moins dans leur combinaison ; parconséquent lorsqu'on voudra faire un mélange réfrigérant, on ne prendra pas un sel anhydre qui, en se combinant au protoxyde d'hydrogène , dégagerait beaucoup de calorique, mais un sel qui contenant déjà toute l'eau qu'il est capable de solidifier (eau de cristallisation), ait cependant encore de l'affinité pour elle, c'est-à-dire un sel cristallisé déliquescent.

Pour obtenir le maximum d'abaissement de température qu'un mélange de sel et de glace est susceptible de produire, les proportions doivent être telles qu'ils se dissolvent entièrement l'un l'autre; car la portion qui ne serait pas dissoute céderait à celle qui fondrait une partie du calorique nécessaire à sa fusion, calorique qui, sans cette circonstance, aurait été absorbé aux corps environnant dont la température aurait été abaissée d'autant.

C'est encore pour que la fusion de la glace et du sel soit complète, que tous deux doivent être très divisés, aussi préfère-t-on la neige récemment tombée (non affaissée et durcie) à la glace pilée.

On conçoit, enfin, qu'il faut employer des vases minces, puisque plus ils sont épais, plus, à température égale, ils contiennent de calorique, plus ils contiennent de calorique, plus ils en cèdent au mélange réfrigérant et moins celui-ci en absorbe aux corps environnans.

— *Saveur*. Tous les sels insolubles dans l'eau sont insipides.

— Tous les sels solubles sont plus ou moins sapides ; leur saveur est d'autant plus prononcée qu'ils sont plus solubles.

—Tous les sels d'une même base ont une saveur analogue, quelque soit leur acide. Il n'y a guère d'exception que pour les sels à base de potasse, de soude et d'ammoniaque, encore leur saveur variant d'une manière déterminée, peut toujours être prévue ; ainsi, lorsqu'ils sont avec excès de base, ils ont une saveur âcre et chaude, c'est-à-dire la saveur de leur base, exemple : les sous-carbonates de potasse, de soude ont une saveur âcre et chaude. Lorsqu'ils sont neutres, ils sont moins sapides, l'acide et la base se saturant mutuellement; leur saveur est alors légèrement astringente et amère, ex. : le bi-carbonate de potasse a une saveur amère. S'ils sont avec excès d'acide, ils ont la saveur de l'acide en excès, ex.: le sur-arséniate de potasse est comme l'acide arsénique, très acide, âcre et corrosif.

Tableau de la saveur des différens sels.

Inusités.	(1) Sels d'ittria. de glucine.	Sucrés.
Inusités.	de plomb. de nickel. de cérium.	Sucrés, puis âcres et astringens.
Inusités.	d'alumine. de zircone. de thorine. de vanadium.	Astringens.
	de mangnésie.	Amers.
Inusité.	de potasse. de soude. de lithine.	Âcres et caustiques comme leur base, lorsque cette base est en excès. Amers s'ils sont neutres. Saveur de leur acide, s'ils sont avec excès d'acide.
	de chaux. de strontiane. de baryte.	Piquans et âcres.
	d'ammoniaque.	Piquans.

____

(1) Ce serait perdre son temps que d'apprendre de mémoire le nom des sels inusités.

(2) La saveur sucrée n'est qu'une saveur astringente peu prononcée, puisque les sels astringens mal dissous sont d'abord sucrés.

<table>
<tr><td>Autres
que les précédens.</td><td>Très âcres , très astringens , excitant fortement la salive, leur saveur est souvent si prononcée , qu'elle est insupportable. C'est cette saveur qu'on appelle saveur métallique.</td></tr>
</table>

Odeur. Tous les sels métalliques sont inodores à la température ordinaire : les sels d'ammoniaque sont odorans lorsqu'ils sont avec excès de base : ils ont l'odeur de l'ammoniaque.

Usages. Les sels de potasse , de soude et de magnésie sont employés comme purgatifs. A. très faibles doses ils sont diurétiques.

— Les sels astringens sont employés comme astringens.

— Les sels âcres sont vomitifs; ce sont des poisons énergiques.

— Les sels d'ammoniaque sont, comme on le dit, *excitans.*

Sels employés. Il n'y a pas plus d'une quarantaine de sels employés (voir le tableau) sur près de onze cents qui sont connus.

Action de l'air. Les sels insolubles dans l'eau sont inaltérables dans un air quelconque.

Les sels solubles sont d'autant plus facilement altérables, qu'ils sont plus solubles.

Les sels altérables à l'air sont appelés *déliquescens* lorsqu'ils en absorbent l'humidité et s'y dissolvent. On les nomme *efflorescens* lorsque cédant à l'air l'humidité qui leur donnait de la cohésion, ils sont réduits en poussière.

—Tous les sels solubles sont déliquescens dans un air saturé d'humidité.

Les sels efflorescens ou déliquescens dans l'air ordinaire contiennent toujours au moins près de de la moitié de leur poids d'eau.

Action de l'air sur les sels employés en médecine ou dans les arts (voir la liste de ces sels, page 6).

Borates. Comme tous les sels de soude avec excès de base, le sous-borate de soude est efflorescent.

Carbonates. Tous les carbonates étant insolubles, excepté ceux de potasse, de soude et d'ammoniaque sont *inaltérables* à l'air, excepté celui de potasse, qui est déliquescent, ceux de soude et d'ammoniaque qui sont efflorescens.

Bi-carbonates. Les bi-carbonates de potasse de soude et d'ammoniaque sont inaltérables. Ces trois bi-carbonates sont les seuls que l'on ait obtenus à l'état solide.

Phosphates. Le *phosphate acide de chaux* ayant en excès un acide très *déliquescent*, est *déliquescent*. Le *sous-phosphate de chaux* est inaltérable, puisqu'il est insoluble.

Comme les sels de soude avec excès de base, le *sous-phosphate de soude* est efflorescent.

Sulfates. Les sulfates de chaux, de baryte et de mercure étant insolubles, sont inaltérables.

Les autres, c'est-à-dire les sulfates solubles employés, sont efflorescens, excepté celui de potasse, qui est inaltérable dans l'air à son état ordinaire.

Chlorites. Un seul chlorite est employé, c'est celui de potasse : il est inaltérable à l'air.

Azotates. Inaltérables, excepté celui de bismuth, qui s'y décompose en sous-azotate insoluble, qui précipite, et en acide azotique, qui reste en dissolution dans l'eau absorbée.

Arséniates. Les arséniates acides de potasse, de soude et d'ammoniaque sont déliquescens, les autres sont inaltérables ainsi que les *arsénites.*

Action de la pile. Tous les sels sont décomposés par la pile, pourvu qu'ils soient humectés ou dissous, probablement que l'eau servant de conducteur au fluide électrique, lui permet de se trouver en contact avec les molécules salines. Lorsqu'un sel est décomposé, l'acide plus oxygéné que l'oxyde, et par cela même plus électro-résineux que lui, se porte au pôle vitré et l'oxyde au pôle résineux. Si la pile est suffisamment forte, l'acide et l'oxyde sont décomposés, leur oxygène se rend au pôle vitré ; le métalloïde et le métal vont au pôle résineux (*voir la classification des corps simples.*)

Action de la lumière. Quelques sels de la sixième section semblent être décomposés par la lumière (*voir action de la lumière sur les oxydes*).

Action du magnétisme. Le magnétisme est sans action sur les sels connus. Exception, les silicates de protoxyde de fer font mouvoir une aiguille

aimantée , comme le ferait le protoxyde de fer
lui-même(*voir action du magnétisme sur les oxydes.*)

Action du calorique.

Le calorique agit sur l'acide et sur l'oxyde d'un
sel, comme il agirait sur chacun d'eux s'ils n'é-
taient pas combinés ; seulement , comme ils sont
fixés l'un par l'autre , ils sont décomposés à une
température plus élevée que celle à laquelle ils le
seraient s'ils étaient libres.

—Ainsi, tous les acides étant décomposés par
le calorique , à partir de l'acide phosphorique
exclusivement , excepté l'acide sulfureux et l'a-
cide sélénieux. Tous les sels formés par les acides,
à partir de l'acide phosphorique exclusivement ,
ont leur acide décomposé par le calorique, excepté
les sulfites et les sélénites.

—Il y a deux exceptions : 1° les sulfates alcalins et celui de magnésie ne sont pas décomposés
dans leur acide, cela vient de ce que l'acide sulfurique , très difficile à décomposer , lors même
qu'il est libre , est fortement fixé par les oxydes
alcalins et la magnésie, qui ont beaucoup d'affinité pour les acides.

—Les sulfates des cinq dernières sections ,
excepté ceux de magnésie, ont leur acide décomposé, comme s'il était libre, en acide sulfureux et
en oxygène ; ils laissent en outre dégager un peu
d'acide sulfurique anhydre entraîné probablement
par l'oxygène et l'acide sulfureux provenant de
la partie d'acide décomposée.

— La décomposition des sulfates a lieu à la chaleur rouge (au-dessus ou au-dessous du rouge cerise).

— 2° Contrairement aux sulfates, les sulfites alcalins et celui de magnésie ont leur acide décomposé, bien que l'acide sulfureux libre n'ait pas été décomposé ; il se dégage du soufre et il reste un sulfate alcalin. Pour expliquer ce résultat, il faut admettre qu'une portion de l'acide sulfureux se décompose en soufre et en oxygène ; cet oxygène se combine à la portion d'acide sulfureux non décomposée et la convertit en acide sulfurique qui, s'unissant avec la base du sulfite, forme un sulfate indécomposable par le calorique. Le soufre mis à nu se dégage, attendu l'élévation de température.

Action du calorique sur les sels dont l'acide est gazeux : carbonates, sulfites.

— *Les sels dont l'acide est gazeux sont décomposés par le calorique, lors même que ni leur acide ni leur oxyde ne sont décomposables, l'acide gazeux se dégage.*

Exemples. Les carbonates de chaux, de strontiane, de magnésie, sont décomposés par le calorique : l'acide carbonique gazeux se dégage ; les oxydes de calcium, de strontium, de magnésium, indécomposables comme tous les protoxydes des quatre premières sections, sont mis à nu, de là les moyens employés pour obtenir la chaux, la strontiane et la magnésie.

Température de la décomposition. La plupart des carbonates des cinq dernières sections sont décomposés par une chaleur rouge obscure : les carbonates alcalins ne le sont qu'au dessus de la chaleur rouge.

—Chauffés à l'état solide, les trois bi-carbonates perdent la moitié de leur acide et sont ramenés à l'état de carbonates. Ils en laissent dégager lors même qu'on les soumet, en dissolution, à la chaleur de l'eau bouillante, mais pas assez pour devenir carbonates.

Si l'on soumet à l'action du calorique un sulfite d'oxyde de zinc, l'acide sulfureux se dégage ; on obtient l'oxyde de zinc.

Exceptions. Les carbonates de potasse, de soude, de baryte, de lithine et d'ammoniaque, ne sont pas décomposés par le calorique lorsqu'ils sont *secs ;* celui d'ammoniaque, parce qu'il se volatilise ; les autres, parce que leur base a pour l'acide carbonique une affinité plus puissante que la force de décomposition du calorique.

Si ces carbonates, indécomposables à sec, contiennent de l'eau, ils sont décomposés. Il est à présumer que l'eau qui joue le rôle d'acide relativement aux oxydes alcalins, déplace l'acide carbonique.

Les sulfites alcalins ne laissent pas dégager leur acide, ils se convertissent en sulfates ; il y a dégagement de soufre (*voir plus haut*).

—Il est évident que les sels dont l'acide libre n'est

pas décomposé par le calorique, n'ont pas, à plus forte raison, leur acide décomposé par le calorique, puisque cet acide étant combiné est plus difficile à décomposer que s'il était libre. Ainsi les borates, silicates, phosphates, etc., n'ont pas leur acide décomposé par le calorique. Ils sont décomposés dans leur oxyde, si leur oxyde est décomposable.

Les acides et les oxydes étant fusibles, les sels dont l'acide et l'oxyde ne sont point décomposés, entrent en fusion. Ils fondent d'autant plus facilement que leurs élémens sont plus fusibles. Ainsi les silicates terreux sont infusibles au plus grand feu de forge ; les silicates de plomb fondent très facilement. Après avoir éprouvé la fusion, les borates, silicates, phosphates se vitrifient.

Quels sont les produits de l'action du calorique sur un sel?

Soit le *chlorite de potasse* que l'on soumet à l'action du calorique.

L'acide chloreux libre est decomposé par le calorique ; ce sel sera décomposé par le calorique dans son acide. Comme l'acide chloreux, attendu qu'il est fixé par une base très énergique, ne se décompose qu'à une température élevée, sa décomposition sera complète ; le chlore et l'oxygène seront mis à nu.

La potasse libre n'est pas décomposée par le calorique, puisque les protoxydes des quatre premières sections ne sont pas décomposables, le

chlorite de potasse n'aura donc pas son oxyde décomposé *par le calorique.* Cependant l'oxygène et
le chlore de l'acide chloreux , ne se dégageront
point , l'oxyde de potassium ne sera point mis à
nu ; cet oxyde, en effet , n'est pas soumis à l'action seule du calorique, mais encore à l'action du
chlore provenant de la décomposition de l'acide
chloreux. Le chlore décompose tous les oxydes ,
excepté les oxydes terreux , moins la magnésie ;
il se combine avec leur métal, dont l'oxygène se
dégage. Dans l'exemple cité, le chlore de l'acide
chloreux se combinera donc au potassium , il se
formera un chlorure de potassium qui restera
dans l'appareil; l'oxygène de la potasse et celui de
l'acide chloreux se dégage.

— De là il résulte que, soumis à l'action du calorique , tous les chlorates et chlorites dont l'oxyde
est décomposé par le chlore, c'est-à-dire tous les
chlorates et chlorites , excepté ceux à base ter-
reuse, moins celui de magnésie, sont transformés
en chlorures. Les bromates dont l'oxyde est décomposé par le brôme, les iodates et hyper-iodates
dont l'oxyde est décomposé par l'iode , sont décomposés dans leur acide et dans leur oxyde, et
transformés en bromures, iodures, bien que souvent leur oxyde ne soit pas décomposable par le
calorique , *l'oxygène de l'acide et celui de l'oxyde
se dégagent ;* c'est pour cela que, pour obtenir
l'oxygène , l'on se sert souvent du chlorate de potasse que l'on soumet à l'action du calorique

(l'oxygène se dégage dès que le sel est en fusion).
Il est évident qu'on pourrait employer un autre
chlorate, un iodate ou un bromate.

—Pour prévoir d'une manière certaine les produits de la décomposition d'un sel soumis à l'action du calorique, il faut donc tenir compte non-
seulement de l'action du calorique sur l'acide et
sur l'oxyde de ce sel, mais encore, si l'acide est
décomposé le premier, de l'action de ses élémens
sur l'oxyde, et réciproquement, si l'oxyde est
décomposé le premier, de l'action de ses élémens
sur l'acide.

*Action du calorique sur les sels à base d'ammo-
niaque en particulier.*

—Les sels d'ammoniaque dont l'acide est gazeux sont volatils. Seulement quelquefois, pendant la volatilisation, ils éprouvent un changement dans les rapports de leur acide et de leur base.

—Ceux dont l'acide est fixe, sont décomposés;
l'ammoniaque se sépare de l'acide et se dégage à
l'état gazeux.

—Dans les circonstances autres que celle-ci,
l'acide et l'ammoniaque se décomposent réciproquement, en totalité ou en partie; l'oxygène de
l'oxacide et l'hydrogène de l'ammoniaque s'unissent et forment de l'eau.

*Action du calorique sur l'eau contenue dans les
sels.*

Fusion aqueuse. Lorsque l'on soumet à l'action
du calorique des sels qui contiennent beaucoup

d'eau de cristallisation, cette eau qui était solide devient liquide et dissout leurs molécules ; on dit qu'ils éprouvent la *fusion aqueuse*. A une température plus élevée, l'eau de cristallisation se volatilise , et le sel se dessèche à mesure que la volatilisation a lieu.

Sels qui éprouvent la fusion aqueuse. Tous les sels efflorescens et les sels déliquescens capables de dessécher l'air complétement, éprouvent la fusion aqueuse.

Décrépitation. Les sels qui ne contiennent point assez d'eau pour s'y dissoudre avant qu'elle ait atteint le point de volatilisation , éprouvent un autre effet , à mesure qu'elles passent de l'état liquide à l'état de vapeur, les molécules d'eau acquièrant un très grand volume, projettent dans l'air les molécules salines qui s'opposent à leur expansion, et produisent un pétillement que l'on nomme décrépitation.

Sels qui décrépitent lorsqu'on les chauffe. Tous les sels solubles inaltérables à l'air dans son état ordinaire , et surtout ceux qui sont presque insolubles, contenant une quantité d'eau trop petite pour qu'elle puisse les dissoudre, décrépitent lorsqu'on les soumet à l'action du calorique.

Fusion ignée. Je suppose qu'après que l'eau de cristallisation d'un sel s'est volatilisée , l'on continue de le chauffer, le calorique s'intercalant entre ses molécules , les dissout. Cette dissolution qui a lieu par l'interposition du calorique ; entre les molécules d'un sel anhydre, se nomme *fusion ignée*.

Sels qui éprouvent la fusion ignée. Tous les sels dont l'acide et l'oxyde sont indécomposables par le calorique, et en général tous les sels dont l'acide et l'oxyde sont très fusibles et qui ne se décomposent pas à une température très peu élevée, sont dans ce cas.

— *Comment reconnaître qu'un sel contient de l'eau?* Pour reconnaître qu'un sel contient de l'eau, on peut l'introduire dans un tube de verre fermé à l'une de ses extrémités, et chauffer; l'eau, s'il en contient, se vaporise et se dépose sous forme des gouttelettes à la partie supérieure du tube. Par ce procédé on reconnaît les plus faibles quantités d'eau.

— *Comment reconnaître qu'un sel contient de l'eau de cristallisation?* à ce que exposé à l'action du feu, il fond dans son eau de cristallisation ou bien il reste solide, décrépite à peine et devient *opaque*, car les sels cristallisés ne doivent leur transparence qu'à l'eau de combinaison.

—*Comment reconnaître qu'un sel ne contient que de l'eau de cristallisation.* Si l'on pulvérise ce sel et qu'on le comprime fortement avec une presse entre des feuilles de papier joseph, le papier ne deviendra pas humide; si le sel ne contient point d'eau interposée.

Comment reconnaître qu'un sel ne contient que de l'eau interposée? A ce que, chauffé brusquement, il décrépite et ne perd point sa transparence.

Action des métaux sur les sels.

— *Action des métaux sur les sels desséchés.* — *Les métaux agissent sur un sel comme ils agiraient sur l'acide et sur l'oxyde de ce sel isolé.*

Soit le sulfate d'oxyde d'antimoine,
Traité par le   sodium.

Le sodium a plus d'affinité pour l'oxygène que le soufre et l'antimoine, il leur enlèvera l'oxygène, puisqu'il doit agir sur l'acide et sur l'oxyde du sel, comme s'ils étaient isolés; il se formera un oxyde de sodium et un sulfure d'antimoine, car l'antimoine et le soufre mis à nu se combineront, puisque tous les corps simples qui ne sont pas infusibles, se combinent facilement entre eux.

Si le sodium était en excès, se formerait-il du sulfure d'antimoine ? *Non, toutes choses égales d'ailleurs, deux corps ont d'autant plus d'affinité l'un pour l'autre qu'ils sont placés plus loin l'un de l'autre.* Par conséquent, le potassium ayant beaucoup d'affinité pour l'antimoine et pour le soufre, beaucoup plus qu'ils n'en ont l'un pour l'autre, puis qu'il est placé plus loin de chacun d'eux qu'ils ne le sont l'un de l'autre, s'emparerait de chacun d'eux, s'il était en quantité suffisante, et l'on obtiendrait un sulfure de potassium et un alliage de potassium et d'antimoine.

On conçoit que si la quantité de potassium n'était pas suffisante pour qu'il pût se combiner au soufre et à l'antimoine, il s'unirait à celui des deux pour lequel il a le plus d'affinité ; l'expérience prouve que c'est au soufre qu'il s'unit ; le soufre doit donc se trouver dans la quatrième section, plus loin du potassium que l'antimoine, et par conséquent au-dessous de ce dernier corps.

— *Les produits de la décomposition d'un sel par un métal, peuvent donc être très différens*, suivant la température à laquelle se fait l'expérience, et la quantité du métal décomposant ; par exemple, il est toujours facile de les prévoir, en tenant compte de l'action du métal décomposant sur l'acide et sur l'oxyde du sel, et en outre, si ce métal est excès, de son action sur le composé en ure ou sur l'alliage qui se forme ; si le métal décomposant n'est pas en excès, de l'action de l'oxyde qu'il forme en s'emparant de l'oxygène du sel, sur le composé en ure ou sur l'alliage qui résulte de la décomposition.

Exemple : Sulfate d'oxyde d'antimoine,
Potassium en quantité suffisante pour saturer l'oxygène de l'acide et celui de l'oxyde.

Si l'on soumet ce mélange à l'action du calorique, il se forme d'abord un oxyde de potassium et un sulfuré d'antimoine qui se trouve soumis à l'action de la potasse formée.

Les oxydes alcalins agissent sur les composés

en ure et sur les alliages comme agirait leur métal s'il était isolé ; l'oxygène de l'oxyde alcalin, s'unit à celui des corps simples qui est mis à nu, si à la température à la quelle se fait l'éxpérience, ils sont susceptibles de se combiner.

Le potassium combiné, agissant comme s'il était seul, il va donc se former du sulfure de potassium et de l'oxyde d'antimoine, puisque l'antimoine peut absorber l'oxygène à la température la plus élevée, et que dans ces sortes de décompositions, l'oxygène de l'oxyde par lequel on traite s'unit à celui des corps simples qui est mis à nu.

Si le potassium de l'oxyde de potassium formé dans le premier temps de la décomposition, n'est pas en assez grande quantité pour s'emparer de tout le soufre du sulfure d'antimoine, une partie seulement de ce sulfure est décomposée, il se forme un sulfure de potassium avec tout le potassium et le soufre de la partie de sulfure décomposée, une quantité d'antimoine proportionnelle à la quantité de soufre prise par le potassium passe à l'état d'oxyde en absorbant l'oxygène abandonné par ce métal. En sorte qu'il reste du sulfure d'antimoine non décomposé uni d'une part à l'oxyde d'antimoine, et de l'autre au sulfure de potassium produits par l'action de la potasse sur la partie de sulfure d'antimoine décomposée, c'est-à-dire que l'on obtient un oxysulfure d'antimoine et un composé de sulfure de potassium et de sulfure d'antimoine. Ces résultats de la théorie ont été vérifiés par l'expérience.

— *Action des métaux sur les sels dissous.* — Les métaux de la première section n'agissent pas directement sur les sels dissous dans l'eau ; en effet, ils décomposent l'eau plutôt que le sel (*voir action des métaux de la première section sur l'eau*) ils s'emparent de son oxygène et forment un oxyde qui agit sur le sel d'une manière qui peut être prévue d'après ce qui a été dit sur la force des oxydes. L'hydrogène de l'eau se dégage.

> *Ex.* : Sulfate d'oxyde de fer en dissolution dans l'eau
> Potassium.

L'eau est décomposée, il y a dégagement d'hydrogène, formation d'oxyde de potassium qui, plus fort que l'oxyde de fer, s'empare de l'acide sulfurique, forme un sulfate qui, étant soluble reste en dissolution, l'oxyde de fer précipite.

— On n'a pas étudié l'action des métaux de la deuxième section.

— Il est évident que les métaux des quatre dernières sections ayant moins d'affinité pour l'oxygène que ceux des deux premières, n'agissent point sur l'oxyde des sels des deux premières sections dissous, si leur acide est en excès, ils agissent sur lui d'une manière qui peut être prévue, car l'action des métaux sur les oxydes, résulte d'une manière immédiate de la classification des métaux et des métalloïdes par ordre d'affinité pour l'oxygène.

— *Action des métaux des quatre dernières sections sur les sels de ces mêmes sections dissous·*

Lorsqu'il y a décomposition, le métal par lequel on traite s'empare de l'oxygène uni au métal
du sel en dissolution, forme avec cet oxygène un
oxyde qui, se substituant à l'oxyde décomposé, se
combine à l'acide du sel en dissolution, dont le
métal mis à nu précipite.

Ex. : Sulfate d'oxyde de cuivre dissous.
    Fer.

Il se forme un sulfate d'oxyde de fer ; le cuivre
mis à nu précipite.

*Cas dans lesquels a lieu la décomposition de
l'oxyde du sel et par conséquent la réduction de
cet oxyde à l'état de métal.*

— Les sels à base d'oxyde des *trois premières
sections*, excepté ceux d'étain, ne sont pas décomposés par les métaux placés avant le radical de
leur oxyde. Les sels de chrôme, de titane, d'u-
rane, de cérium, (quatrième section) sont dans
le même cas.

— Les sels de la *quatrième section*, autres que
les précédens, et ceux d'étain sont réduits, (c'est-
à-dire qu'ils ont leur métal mis à nu) par le fer,
le zinc et probablement par le manganèse.

— Les sels de la *cinquième section* sont réduits
par le fer, le zinc et tous ceux qui les précèdent.

— Les sels de la *sixième section* sont réduits par
tous les métaux des cinq premières sections.

Quelquefois le métal mis à nu précipite sans
s'attacher au métal décomposant (cela doit arriver
lorsque ces deux métaux sont placés l'un près de

l'autre, parce qu'alors ils ont peu d'affinité l'un pour l'autre) dans cette circonstance le métal par lequel on traite, restant continuellement en contact avec le sel dissous, peut décomposer complètement son oxyde.

Mais le plus souvent, le métal mis à nu adhère au métal par lequel on traite, forme autour de lui une couche qui l'enveloppe et lui ote tout contact avec le sel dissous; cependant la décomposition continue: comment l'expliquer. On admet que les deux métaux en contact forment les élémens d'une pile. Le métal par lequel on traite ayant par hypothèse plus d'affinité pour l'oxygène qui est résineux que celui de l'oxyde du sel, est par cela même vitré par rapport à ce dernier, et forme l'élément positif de la pile.

Cette pile décompose l'eau, son oxygène, résineux par rapport à l'hydrogène se porte au métal vitré, c'est-à-dire au métal décomposant; son hydrogène au métal mis à nu.

Le sel en dissolution est lui-même décomposé par les élémens de la pile; l'acide plus résineux se porte au pôle vitré ou à l'extrémité du métal décomposant, l'oxyde est attiré au pôle négatif, c'est-à-dire à l'extrémité du métal mis à nu, où déjà se trouve l'hydrogène de l'eau. Cet hydrogène se combine avec l'oxygène de l'oxyde de la dissolution et met à nu son métal qui se dépose de nouveau sur le métal par lequel on traite, et forme autour de lui une couche d'une étendue toujours

croissante , jusqu'à ce que tout le métal de la dissolution soit précipité. Cette couche , déposée
lentement , forme une cristallisation métallique
plus ou moins étendue.

— Tous les métaux ne sont pas comme le
plomb, le cuivre, le mercure, l'argent, précipités
avec leur éclat métallique ; il en est qui précipitent sous forme de poudre noire : tels sont l'antimoine, l'arsenic, etc.

Action des métalloïdes.

*— Les métalloïdes agissent sur les sels comme
ils agiraient à la température à laquelle se fait
l'expérience sur leur acide et sur leur oxyde isolés.*

L'action des métalloïdes sur les acides et sur
les oxydes isolés est connue ; donc celle qu'ils
exercent sur les sels l'est aussi, *c'est-à-dire que
l'on peut prévoir comment agira un métalloïde sur
un sel quelconque , et quels seront les produits de la
décomposition.*

Habituellement on ne fait agir que le charbon ;
je le prendrai pour exemple.

Quelle doit être l'action du charbon sur les sels.
Tous les sels à base des quatre dernières sections, excepté les borates et les silicates, ayant un
acide et un oxyde qui , libres, sont décomposés
par le charbon , ont leur acide et leur oxyde décomposés par ce métalloïde, puisque etc.

Quels sont les produits de la décomposition ? Le
charbon ayant plus d'affinité pour l'oxygène que

le radical de l'acide et que celui de l'oxyde de ces sels, enlève tout leur oxygène, devient oxyde de carbone ou acide carbonique, selon que la température est plus ou moins élevée (*v. action du charbon sur les oxydes*) et met à nu le métalloïde et le métal, où les deux métaux si l'acide est métallique.

Les deux métaux ou le métalloïde et le métal mis à nu, se combinent et forment un alliage ou un composé de *ure*, à moins que le métalloïde mis à nu ne soit de l'azote qui, ne s'unissant guère aux métaux, se dégagerait, ou que la température ne soit assez élevée pour décomposer l'alliage ou le composé en *ure* susceptible de se former.

—Il résulte, en effet, de l'expérience, que tous les sels métalloïdiques connus, dont l'acide et l'oxyde libres sont décomposés par le charbon, c'est-à-dire *tous les sels à base des quatre dernières sections, excepté les borates et les silicates, sont transformés en composés en* URE *par le charbon excepté les azotates, qui ne forment* guère d'azotures; le charbon s'empare de l'oxygène de l'acide et de celui de l'oxyde.

—Les arséniates, les arsénites et tous les autres sels dont l'acide a pour radical un métal et dont la base est la potasse, la soude ou l'un des oxydes des quatre dernières sections, traités par le charbon, donnent de l'oxyde de carbone ou de l'acide carbonique, et un alliage du métal de l'acide et de celui de l'oxyde, à moins que la température ne soit assez élevée pour décomposer l'alliage qui pourrait se former.

— Les arséniates et les arsénites laissent toujours volatiliser une partie d'arsenic reconnaissable à son odeur alliacée (l'arsenic est très volatil).

Action du charbon en excès sur les sels dont il décompose l'acide et l'oxyde.

Lorsque le charbon s'est emparé de l'oxygène de l'acide et de celui de l'oxyde du sel avec lequel on le met en contact, le radical de l'acide et celui de l'oxyde devenus libres, se trouvent eux-mêmes soumis à l'action de la partie de charbon par lequel le sel a été traité, et qui, étant en excès, ne s'est pas dégagée à l'état d'acide carbonique ou d'oxyde de carbone ; si, par conséquent le charbon a plus d'affinité pour chacun des élémens du composé en ure formé par le radical de l'acide et celui de l'oxyde, qu'ils n'en ont l'un pour l'autre, il s'empare de l'un et de l'autre, et au lieu d'un composé en ure du radical de l'acide et de celui de l'oxyde, on obtient deux carbures.

Si le charbon n'ayant point d'affinité pour le métal du composé en *ure*, au moins à la température à laquelle se fait l'expérience, a plus d'affinité pour le métalloïde que le métalloïde n'en a pour le métal, il se combine au métalloïde et le métal est mis à nu.

C'est ainsi que le sulfate de plomb, traité par le charbon, donne de l'acide carbonique ou de l'oxyde de carbone, le plomb et le soufre sont mis à nu, mais ils ne s'unissent pas, parce que le charbon ayant plus d'affinité pour le soufre que le plomb n'en a pour ce métalloïde, forme avec le soufre un sulfure de carbone ; le plomb est mis à nu.

Si le carbone a plus d'affinité pour le soufre que pour le plomb, ce qui paraît démontré, puisqu'il enlève le soufre au plomb, il faut en conclure que le soufre doit être plus loin du carbone que le plomb, et par conséquent que le soufre doit être rangé après ce métal dans la quatrième section.

Les sulfates d'antimoine et de zinc se comportent avec le charbon, comme le sulfate de plomb. Ces faits sont en rapport avec la théorie.

Enfin, si le charbon et le radical de l'un des élémens du sel ont à peu près autant d'affinité l'un que l'autre pour le radical de l'autre élément, ils se partagent le radical pour lequel ils ont de l'affinité.

— Pour prévoir les produits de la décomposition d'un sel, traité par un métalloïde qui s'empare de l'oxygène de l'acide et de celui de l'oxyde de ce sel, il faut donc, si le métalloïde décomposant est en excès, avoir égard à l'action qu'il peut exercer sur le composé en URE *ou sur l'alliage qui résulte de la décomposition de l'acide et de celle de*

l'oxyde. Cependant on admet , comme résultat de l'expérience , que le charbon n'agit, comme je viens de l'exposer en dernier lieu, que sur les sulfates et les sulfites.

Action du charbon sur les sels terreux , dont il décompose l'acide libre , c'est-à-dire sur les sels terreux autres que les borates et les silicates.

—Les sels métalloïdiques terreux, excepté les borates et les silicates et les sels métalliques ayant un acide qui, lorsqu'il est libre, peut être décomposé par le charbon , ont leur acide décomposé par ce métalloïde, puisque les corps simples agissent sur les sels, comme si leurs éléments étaient isolés. L'oxyde terreux , indécomposable par le charbon , est mis à nu, et il se dégage de l'oxyde de carbone.

Il ne se dégage pas d'acide carbonique, parce que les oxydes terreux ayant beaucoup d'affinité pour les acides, les fixent fortement, que par conséquent la décomposition n'a lieu qu'à une température élevée, et qu'à une température élevée s'il se formait de l'acide carbonique , il serait décomposé par le charbon en excès et ramené à l'état d'oxyde de carbone. (*Voir* { action du charbon sur les oxydes }).

— *Exceptions. Les sulfates et les sulfites* donnent, outre l'oxyde de carbone et l'oxyde terreux, un sulfure de carbone formé par une partie du métalloïde de l'acide et du carbone (*voir* page 36), l'autre partie du soufre se dégage.

Ex. : Sulfate d'oxyde d'aluminium.
charbon.

A une température élevée, le charbon décompose l'acide sulfurique, comme s'il était libre, s'empare à la fois de l'oxygène de cet acide et d'une partie du soufre mis à nu, de sorte qu'on obtient de l'oxyde de carbone, du sulfure de carbone et l'oxyde d'aluminium.

— Les *phosphates terreux* n'ont pas leur acide complètement décomposé. Ils laissent dégager de l'oxyde de carbone et une partie seulement du phosphore de l'acide, car *il reste un sous-phosphate terreux*.

Les phosphates alcalins, excepté ceux de potasse et de soude, présenteront un phénomène analogue. Ce sont les seuls cas dans lesquels un acide libre, décomposable par le charbon, ne peut, lorsqu'il est combiné à un oxyde, être complétement décomposé par ce métalloïde.

— L'on doit prévoir que les chlorates et chlorites de magnésie seraient transformés en chlorures par le charbon, le chlore provenant de la décomposition de l'acide pouvant décomposer la magnésie.

Action du charbon sur les sels alcalins, autres que les borates et les silicates.

— Les *carbonates azotates et azotites* de potasse et de soude sont décomposés dans leur acide et dans leur oxyde, puisque le charbon décompose leur acide et leur oxyde.

Les carbonates, azotates et azotites des autres bases alcalines ne sont décomposés que dans leur acide, puisque leur oxyde est indécomposable par le charbon et par le radical de l'acide, carbone ou azote.

Les autres sels alcalins dont l'acide a pour radical un métalloïde, c'est-à-dire :

Les phosphates ;	Les iodates ;
phosphites ;	hyperiodates ;
sulfates ;	bromates ;
sulfites ;	chlorates ;
séléniates ;	chlorites.
sélénites ;	

Sont complètément décomposés par le charbon, bien que leur oxyde ne soit pas décomposable par ce métalloïde, excepté dans le cas où ils sont à base de potasse ou de soude. voici pourquoi ils sont décomposés.

Le charbon s'empare d'abord de l'oxygène de l'acide, comme si cet acide était libre ; *l'oxyde alcalin se trouve alors soumis à l'action du métalloïde mis à nu qui le décompose,* car les métalloïdes de tous ces acides décomposent les oxydes alcalins. (*Voir action des métalloïdes sur les oxydes*).

Produits de la décomposition. Si le métalloïde séparé est du chlore ou du brôme, il s'empare du metal de l'oxyde alcalin et met à nu l'oxygène qui se dégage ou dont le charbon s'empare. Il reste par conséquent un chlorure ou un bromure, (*Voir l'action du chlore sur les métalloïdes.*) Si le métalloïde mis à nu est du phosphore, du soufre ou du sélénium, il se forme un composé en ure et un sel, un sulfure et un sulfate, par exemple : (*Voir l'action de ces métalloïdes sur les oxydes.*)

Mais le charbon s'empare de l'oxygène de l'acide de ce sel, jusqu'à ce qu'il ne reste que le radical de l'acide et celui de l'oxyde ; de sorte que l'on n'obtient qu'un composé en *ure*.

— *Tous les sels métalloïdiques alcalins autres que les borates et les silicates sont donc convertis par le charbon en composés en ure formés par le radical de l'acide et le métal de l'oxyde.*

— *Exception, les phosphates alcalins* autres que ceux de potasse et de soude ne sont ramenés qu'à l'état de sous phosphates, par conséquent une portion de l'acide seulement est décomposée, son oxygène est pris par le charbon, le phosphore qui était uni à l'oxygène se volatilise. Il est évident qu'il se dégage d'autant plus de phosphore qu'il y a plus d'acide phosphorique décomposé et qu'il y a d'autant plus d'acide phosphorique décomposé que le phosphate en contient davantage. C'est pour cela que lorsqu'on soumet un phosphate à l'action du charbon pour en obtenir du phosphore, procédé très employé, on prend un phosphate avec excès d'acide. On se sert habituellement du phosphate acide de chaux qui est moins cher que les autres phosphates.

(41)

Je m'explique que les phosphates alcalins ne sont pas complètement décomposés par le charbon, parce que le phosphore ayant moins d'affinité pour les métaux alcalins que les autres métalloïdes soufre, sélénium, iode, brôme, chlore ; le phosphore de la partie d'acide phosphorique décomposée par le charbon, agit pour décomposer les oxydes alcalins avec moins de force que les autres métalloïdes placés plus loin que lui des métaux alcalins, et aussi parce que l'acide phosphorique à une chaleur rouge, a plus d'affinité pour les bases que les acides sulfurique, sélénique, sélénieux et qui sont plus volatils que lui.

— On admet que les arséniates, les arsénites, et tous les sels métalliques à base alcaline sont décomposés dans leur acide seulement. Leur oxyde est mis à nu. Ces résultats sont démontrés par l'expérience, en ce qui concerne les sels d'arsenic.

Action du charbon sur les borates et les silicates.

—Borates et silicates alcalins et terreux. Ils sont indécomposables par le charbon, excepté ceux à base de potasse et de soude ; puisque excepté ceux de ces deux bases, leur acide et leur oxyde libre sont indécomposables par ce métalloïde.

Ces résultats théoriques s'accordent avec les faits observés. Il est vrai que jusqu'ici les silicates de potasse et de soude n'ont pas été décomposés par le charbon ; mais le borate de soude a été décomposé. Le charbon a pris l'oxygène de l'oxyde de sodium , ce métal devenu libre a décomposé l'acide borique en s'emparant de son oxygène, de la soude et du bore ont été mis à nu,

— Soumis à l'action du charbon à une température élévée, *les borates et silicates des quatre dernières sections* sont transformés en borres et en siliciures.

Les métaux des quatre dernières sections ayant moins d'affinité pour l'oxygène que le bore et le silicium, c'est l'oxyde du sel qui est décomposé le premier, le métal de cet oxide devenu libre décompose, concurremment avec le charbon, les acides borique ou silicique. Le radical de l'acide et celui de l'oxyde se combinent lorsqu'ils sont mis à nu, à moins que le composé en ure qu'ils formeraient nesoitdécomp osable à la température de l'expérienceou que le métal de l'oxyde ne soit très fusible et qu'il ait peu d'affinité pour le bore. Dans ce cas l'on obtiendrait le métal de l'oxyde. Delà le procedé employé pour exploiter certains minerais ou le plomb, métal très *fusible*, est uni à de la silice.

— *Action de l'oxygène libre ou de l'air. L'oxygène libre agit sur l'acide et sur l'oxyde des sels comme il agirait sur eux dans les mêmes circonstances s'ils étaient isolés.* L'air, par l'oxygène qu'il contient, agit d'une manière analogue (*Voir action des métalloïdes sur les sels*).

Il n'y a de sels exerçant sur l'oxygène libre ou sur l'air une action bien manifeste, à la température ordinaire, que les proto-sels de fer, d'étain et de cuivre. Quelque soit l'acide auquel il est uni, l'oxyde de ces sels passe à un degré supérieur d'oxygénation comme s'il était isolé.

Exposés à l'air, les *sulfites* se transforment en sulfates.

L'acide sulfureux *libre* n'absorbe pas l'oxygène libre, et cependant l'acide sulfureux combiné l'absorbe ; ce fait est-il en contradiction avec le principe posé ? Non, l'acide sulfureux combiné à une base est *condensé*, et il n'est pas douteux que l'acide sulfureux libre, mais condensé, ne pût absorber facilement l'oxygène.

Les *hypophosphites* deviennent phosphates acides.

Pour que les *phosphites et les azotites* se convertissent en phosphates et en azotates, il faut qu'ils soient exposés à une légère élévation de température.

Il est évident que les sels dont il vient d'être parlé, n'absorbent l'oxygène, qu'autant qu'ils sont dissous ou du moins humides (*Voir l'action de l'oxygène sur les oxydes*).

Une partie de l'oxyde de ces sels précipite, car la quantité d'acide qu'un oxyde exige pour se combiner est proportionnelle à la quantité d'oxygène qui le constitue.

Si de protoxyde, par exemple, un oxyde devient tritoxyde, à ce nouvel état, il exige, pour être saturé, trois fois autant d'acide que lorsqu'il était protoxyde, ou, ce qui revient au même, la quantité d'acide qui sature un protoxyde, ne peut saturer que le tiers du même oxyde devenu tritoxyde.

Si, par conséquent un protoxyde combiné à un acide qui le sature devient tritoxyde, ses deux tiers précipitent; l'autre tiers seul, trouvant une quantité d'acide capable de le saturer, s'y combine.

— *Action des oxacides.* Les sels dissous sont décomposés par un oxacide plus fort que le leur. Cet oxacide s'empare de l'oxyde du sel dont l'acide est mis à nu (*Voir l'extraction des oxacides*).

Il est évident que si l'acide plus fort n'est pas en quantité suffisante ou s'il est affaibli, il ne s'empare que d'une partie de la base, et le sel traité, conservant tout son acide et moins d'oxyde, devient avec excès d'acide, s'il était neutre, neûtre ou acide, suivant la quantité de base enlevée, s'il était avec excès de base. Exemple :

Sous-phosphate de chaux,

traité par :   Acide sulfurique *affaibli.*

Il se forme du sulfate de chaux *peu soluble* dans l'eau et un phosphate *acide* de chaux *très soluble.*

Il n'arrive que rarement que l'acide par lequel on traite, s'unissant au sel tout entier, forme un sel à deux acides.

Presque tous les sels insolubles deviennent solubles lorsqu'on les traite par un acide un peu fort. Pourquoi ?

Lorsqu'on verse un acide un peu fort sur un sel insoluble réduit en poudre, si ce sel n'a pas trop de cohésion, l'acide fort s'empare de sa base, en totalité ou en partie. Si l'acide décomposant s'empare d'une partie seulement de la base du sel, ce sel conservant tout son acide combiné, à moins de base devient acide (*v. l'ex. précédent*), et par conséquent presque toujours soluble, puisque tous les sels avec excès d'acide sont solubles, excepté ceux dont l'acide est insoluble.

Si l'acide décomposant s'empare de toute la base du sel, et que cet acide soit l'acide azotique, il se formera encore *un sel soluble.*

Soit le phosphate de chaux réduit en poudre.
Traité par l'acide azotique.

L'acide azotique, plus fort que l'acide phosphorique, s'empare de sa base, l'azotate de chaux formé et l'acide phosphorique mis à nu se dissolvent dans l'eau qui tenait l'acide azotique en dissolution.

— Delà il résulte que *presque tous les sels insolubles par eux-mêmes , autres que les silicates tungstates, columbates et titanates dont les acides sont insolubles ; le sulfate de barite et jusqu'à un certain point les sulfates de chaux, de strontiane , de plomb et l'arséniate de bismuth qui, ayant beaucoup de cohésion ne sont pas attaqués par les acides, se dissolvent dans les acides sulfurique, azotique et phosphorique,* etc., parce que lorsqu'on les traite par ces acides, il se forme de nouveaux sels neutres ou acides solubles.

A la chaleur rouge, les acides fixes, même les plus faibles, déplacent les acides volatils par eux-mêmes et ceux qui peuvent, en se décomposant, se transformer en produits volatils. C'est ainsi que, *au-dessous de la chaleur rouge*, les acides borique et phosphorique, décomposent même les sulfates en s'emparant de leur base et mettant à nu l'acide sulfurique qui se dégage à l'état d'acide sulfureux et d'oxygène.

— *Action des hydracides.* On sait que lorsque les hydracides déplacent l'acide d'un sel, ils ne se combinent pas avec son oxyde, ils le décomposent et forment avec lui un composé en *ure* et de l'eau.

> *Ex.* : Acide hydrochlorique;
> Azotate d'oxyde d'argent.

Il se forme de l'eau un chlorure d'argent, l'acide azotique est mis à nu.

La force d'un hydracide ne dépend donc point de son affinité pour les oxydes, mais de l'affinité de ses élémens pour le métal et l'oxygène de ces mêmes oxydes. C'est pour cela que les acides hydro-sélénique, hydro-sulfurique, hydro-tellurique bien que faibles, décomposent la plupart des sels desquatres dernières sections, et que l'acide hydrochlorique décompose l'azotate d'argent. *Action des gaz hydrogène phosphoré, arséniqué, etc.* Puisque les hydracides peuvent décomposer les sels en agissant par l'affinité de leurs élémens pour le métal et l'oxygène des oxydes de ces sels, les gaz hydrogène phosphoré et arséniqué, dont les élémens ont aussi beaucoup d'affinité pour les métaux et pour l'oxygène, doivent agir d'une manière analogue (*Voir la classification des corps par ordre d'affinité les uns pour les autres*).

L'expérience démontre en effet que la plupart des sels des *trois dernières sections* sont décomposés par les gaz hydrogène phosphoré et arséniqué.

Produits de la décomposition. Il ne se produit pas toujours de l'eau et un phosphure, ou un alliage d'arsénic et du métal de l'oxyde. En effet pour que le phosphore et l'arsénic s'unissent au métal de l'oxyde du sel, il faut qu'ils aient plus d'affinité pour lui que pour l'oxygène, ce qui n'a pas lieu toujours, comme on peut s'en convaincre en jetant les yeux sur le tableau des corps simples classés par ordre d'affinité les uns pour les autres.

Si la décomposition se faisait à une température élevée, l'on obtiendrait toujours un phosphure et de l'eau : parce que si le phosphore s'emparait d'une certaine quantité d'oxygène de l'oxyde, l'hydrogène de l'hydrogène phosphoré ayant plus d'affinité pour l'oxygène que le phosphore, lui reprendrait cet oxygène, il se formerait de l'eau ; le phosphore et le métal de l'oxyde se combinant formeraient un phosphure, à moins que la température ne fut assez élevée pour décomposer le phosphure susceptible de se former.

Action des oxydes sur les sels.

— *Les sels sont décomposés par un oxyde plus fort que le leur. (Voy. force des oxydes.)*

—*Produits de la décomposition.* Le plus souvent l'oxyde plus fort s'emparant de tout l'acide, fait un nouveau sel qui précipite ou reste en dissolution, selon qu'il est insoluble ou soluble. L'oxyde mis à nu précipite s'il est des cinq dernières sections, et reste en dissolution s'il est de la première.

Quelquefois l'oxyde plus fort s'empare seulement d'une partie de l'acide du sel. La portion de base qui était unie à cette partie d'acide est mise à nu.

L'acide acquérant une nouvelle base, et conservant une portion de celle qu'il avait, forme deux sels.

Comment expliquer ces résultats. Ils peuvent être produits, ou parce que l'oxyde décomposant est en trop petite quantité pour s'emparer de tout l'acide du sel, ou parce que la partie de ce sel non décomposé et le sel qui se forme pendant la décomposition ayant de l'affinité l'un pour l'autre, se combinent et forment un sel à double base.

—Tous les sels insolubles abandonnent à la potasse ou à la soude caustiques une portion de leur acide plus ou moins considérable suivant que les circonstances favorisent plus ou moins la décomposition.